Veröffentlichungen

des

Königlich Preußischen Meteorologischen Instituts

Herausgegeben durch dessen Direktor

G. Hellmann

◄ Nr. 198 ►

Abhandlungen Bd. II. Nr. 6.

Die Expedition des Königlich Preußischen Meteorologischen Instituts nach Burgos in Spanien

zur

Beobachtung der totalen Sonnenfinsternis

am

30. August 1905

Von

G. Lüdeling und A. Nippoldt

Springer-Verlag Berlin Heidelberg GmbH
1980

ISBN 978-3-662-24160-8   ISBN 978-3-662-26272-6 (eBook)
DOI 10.1007/978-3-662-26272-6

Inhaltsverzeichnis.

Einleitung.

Die totale Sonnenfinsternis vom 30. August 1905 forderte aus verschiedenen Gründen zu einer besonders intensiven Beobachtung heraus: Die Totalitätszone war leicht erreichbar, die Dauer der Totalität eine verhältnismäßig lange, die Jahres- und Tageszeit günstig. Die meisten Nationen entfalteten daher schon zeitig eine rege Tätigkeit, um sich zu Beobachtungen des Phänomens zu rüsten. Eine von mir bereits im Herbst 1904 gegebene Anregung, daß auch das Meteorologisch-Magnetische Observatorium zu Potsdam an diesen Messungen teilnehmen möge, fand sofort vollen Beifall an maßgebender Stelle. Freilich bot zunächst die Beschaffung der erforderlichen Mittel größere Schwierigkeit, doch gelang es glücklicherweise dem damaligen, jetzt leider verstorbenen Direktor des Meteorologischen Instituts, Herrn Geh. Oberregierungsrat Professor Dr. von Bezold, in einem alten Freunde, Herrn Dr. C. A. von Martius-Berlin, einen verständnisvollen Förderer des guten Zwecks zu finden, der dem Königlich Preußischen Kultusministerium in hochherzigster Weise einen Betrag von 5000 Mk. für die geplante Expedition zur Verfügung stellte.

Herrn Dr. von Martius gebührt daher der größte Dank, dem ich auch hier Ausdruck geben möchte. Nur durch seine tatkräftige Hilfe wurde das Meteorologisch-Magnetische Observatorium in die Lage versetzt, das Unternehmen in der gewünschten Weise durchzuführen.

Weiterhin spreche ich aufrichtigen Dank aus:

Der Königlich Spanischen Staatsregierung für die Gewährung zollfreier Einfuhr der Instrumente;

dem Königlich Preußischen Kultusministerium für die Empfehlungen an die Vertreter des Deutschen Reiches und an die Behörden in denjenigen Staaten, welche die Expedition passierte;

dem Kaiserlich deutschen Botschafter in Madrid, Seiner Exzellenz Herrn von Radowitz, sowie dem deutschen Konsul in San Sebastian, Herrn Lewin, für wertvolle Ratschläge und Unterstützungen während des Aufenthalts in Spanien;

den staatlichen und städtischen Behörden in Burgos, die der Expedition das denkbar größte Entgegenkommen zeigten und den dortigen Aufenthalt so angenehm wie möglich zu gestalten versuchten; endlich

dem Königlich spanischen Hauptmann der Artillerie, Herrn de Obregon y Matti in Burgos, der den Expeditions-Mitgliedern während der ganzen Zeit unermüdlich in liebenswürdigster und aufopferndster Weise mit Rat und Tat zur Seite stand.

Lüdeling.

Allgemeines.

Von Prof. Dr. G. Lüdeling.

Geplante Beobachtungen.

Es war beabsichtigt, meteorologische, luftelektrische und magnetische Beobachtungen anzustellen. Mit der Ausführung derselben wurden die beiden wissenschaftlichen Beamten des Observatoriums Professor Dr. Lüdeling und Dr. Nippoldt betraut. Ersterer, der zugleich der Leiter der ganzen Expedition war, übernahm die meteorologischen und luftelektrischen, letzterer die magnetischen Beobachtungen. Zur Unterstützung bei der Aufstellung und Überwachung der zahlreichen Registrierapparate wurde noch der Institutsdiener Hahn mitgegeben.

Wenn die meteorologischen Beobachtungen auch zunächst und im wesentlichen nur als Hilfsbeobachtungen für die luftelektrischen gedacht waren, so sollte doch immerhin versucht werden, sie mit einer derartigen Genauigkeit und in einer solchen Vollständigkeit anzustellen, daß die Resultate unter der Voraussetzung günstiger Witterungsverhältnisse einen möglichst klaren Einblick in die meteorologischen Vorgänge bei einer totalen Sonnenfinsternis verschafften. Insbesondere hoffte man wertvolle Beiträge zur Lösung der viel umstrittenen Frage zu erhalten, ob sich, wie z. B. Clayton[1]) annimmt, wie es Bigelow[2]) aber bestreitet, im Kernschatten- und im Halbschatten-Gebiete bestimmte Zirkulationsvorgänge einstellen, die hier zur Bildung eines ausgedehnten Luftwirbels mit kaltem Zentrum führen. Nach dem erstgenannten Forscher soll dieser Luftwirbel, in dem eine schwache Luftbewegung in rechtsdrehendem Sinne stattfindet, zunächst von einer Zone zyklonaler Luftbewegung und darauf wieder von einem Gebiet hohen Druckes umschlossen sein.

Hinsichtlich der luftelektrischen Messungen handelte es sich darum, festzustellen, ob sich innerhalb der Totalitätszone Schwankungen der Leitfähigkeit der Luft und des luftelektrischen Potentialgefälles ergeben und welcher Art dieselben sein würden.

Wenn man von der Annahme ausgeht, daß die in der atmosphärischen Luft enthaltenen Ionen ihre Entstehung zum Teil den ultravioletten Strahlen des Sonnenlichts verdanken, so

---

[1]) Helm Clayton, The eclipse cyclone and the diurnal cyclones. Results of meteorolog. observations in the solar eclipse of May 28, 1900. Proc. Amer. Acad. of arts and sciences. Vol. XXXVI, No. 16. Jan. 1901.

[2]) Frank H. Bigelow, Eclipse meteorology and allied problems. U. S. Department of agriculture, Weather Bureau. Bulletin 1. Washington 1902.

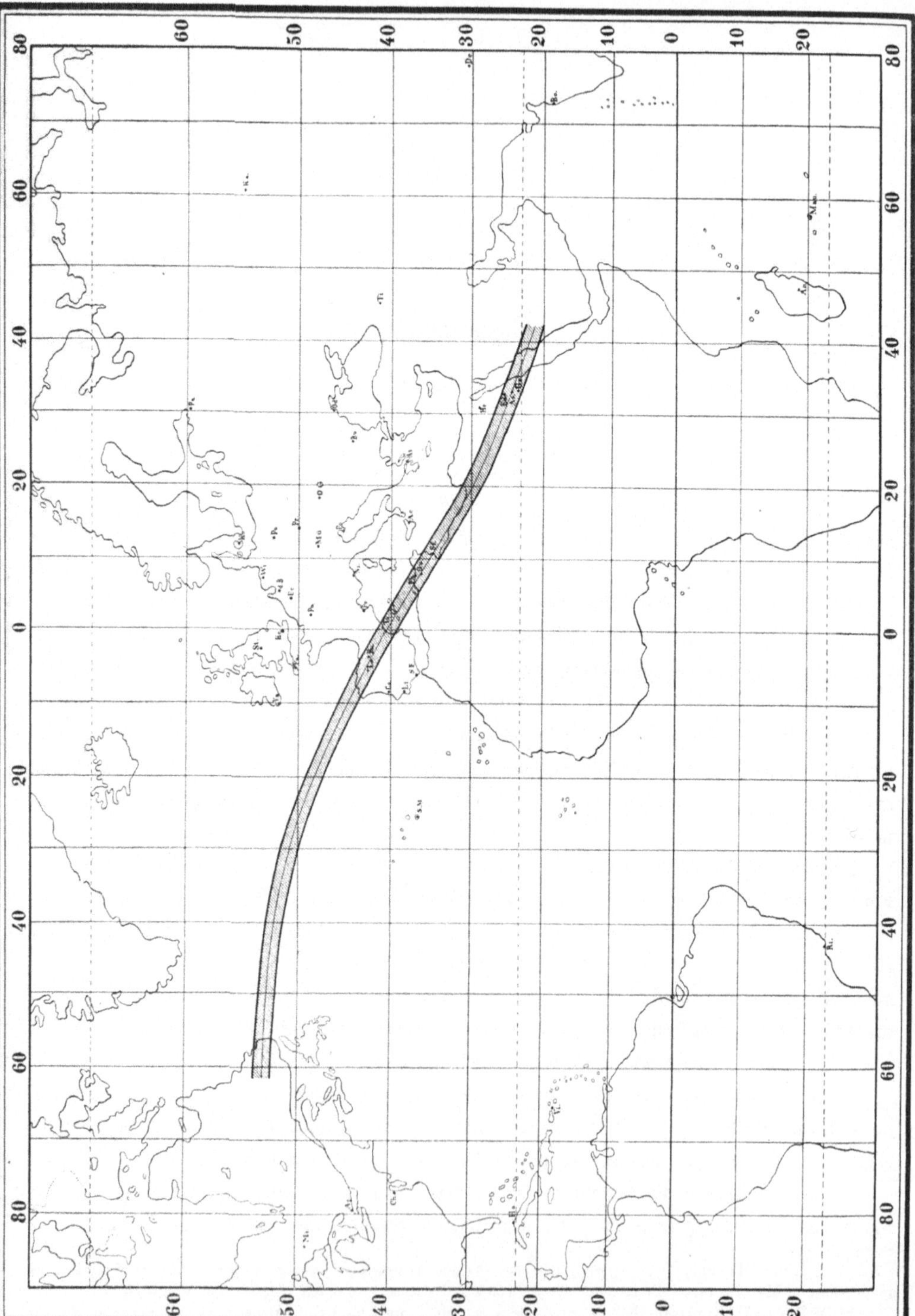

Fig. 1. Totale Sonnenfinsternis am 30. August 1905. — Verlauf der Totalitätszone.

konnte a priori vermutet werden, daß im Schattenkegel eine Abnahme der Ionisierung der atmosphärischen Luft stattfindet, da hier das ionisierende Sonnenlicht für eine Weile abgeblendet ist. Man konnte also schon aus diesem Grunde eine Abnahme der Leitfähigkeit im Totalitätsgebiete erwarten. Einer solchen würde aber eigentlich wiederum eine Steigerung des Potentialgefälles entsprechen müssen.

Nun war jedoch bei den drei totalen Sonnenfinsternissen, bei denen bisher luftelektrische Messungen angestellt wurden, eine Abnahme und nicht eine Zunahme des Potentialgefälles konstatiert worden[1]).

Die elektrische Leitfähigkeit war erst zweimal bei Gelegenheit einer totalen Sonnenfinsternis gemessen worden, und dabei fand der eine Beobachter eine Abnahme, der andere eine Zunahme[2]).

Bei den bisherigen Beobachtungen hatte man also weder dasjenige, was ich oben als wahrscheinlich bezeichnete, noch überhaupt ein einheitliches Ergebnis gefunden. Um so mehr schien es erwünscht, durch möglichst genaue Messungen an verschiedenen Stellen der Totalitätszone sicheren Aufschluß über die Wirkung der Finsternis auf die Luftelektrizität zu erhalten, am besten durch Registrierungen, die bislang bei den Sonnenfinsternisbeobachtungen noch nicht in Anwendung gekommen waren.

Was endlich die magnetischen Beobachtungen anbetrifft, so hatten besonders die eingehenden Untersuchungen des Herrn L. A. Bauer in Washington, die sich auf die totale Sonnenfinsternis vom 17. und 18. Mai 1901 beziehen, einen kleinen, immerhin deutlich wahrnehmbaren Einfluß der Finsternis auf den Gang der magnetischen Instrumente erkennen lassen. Es zeigte sich, daß mit dem Schatten des Mondes ein kleiner Störungskern, wahrscheinlich ein elektrischer Wirbel, in den höheren Schichten der Atmosphäre über die Erde hinzieht, der von ähnlichem Charakter wie der zentrale Teil des Kraftfeldes der täglichen Variation, nur an Ausdehnung und Intensität viel geringer ist. — Dieses Resultat zu bestätigen, wäre von höchster theoretischer Bedeutung, da es einen wichtigen Beitrag zur Erklärung der physikalischen Ursachen der magnetischen Störungen liefern würde. Es erschien daher dringend wünschenswert, durch neue, ähnliche Untersuchungen weitere Klarheit zu schaffen.

Wahl des Beobachtungsortes.

Die Totalitätszone (Fig. 1 u. 2) begann in der Gegend des Winnipegsees, trat unter ungefähr 53° N. Br. auf den Atlantischen Ozean über, passierte diesen und schlug dann folgende Richtung ein: Spanien, Balearen, Algerien, Tunesien, Tripolis, Aegypten, Rotes Meer, bis zum Ende im südöstlichen Arabien.

---

[1]) J. Elster u. H. Geitel, Über eine während der totalen Sonnenfinsternis am 19. August 1887 ausgeführte Messung der atmosphärischen Elektrizität. Met. Ztschr. 5, S. 27, 1888; R. Ludwig, Über eine während der totalen Sonnenfinsternis vom 22. Jänner 1898 ausgeführte Messung der atmosphärischen Elektrizität. Wien, Sitzungsber. d. math.-physik. Kl. Bd. CVIII, Abt. IIa, 1899, 5. S. 436. J. Elster, Luftelektrische Messungen während der totalen Sonnenfinsternis zu Algier am 28. Mai 1900. Phys. Ztschr. 2, S. 66, 1900.

[2]) S. Figee, Observations made during the Sun's total eclipse on may 18th, 1901 at Karang Sago, west coast Sumatra. Observ. made at the Royal magn. and met. Obs. at Batavia Vol. XXIV 1901. App. III. S. 155, Batavia 1903. J. Elster, Luftelektrische Messungen während der totalen Sonnenfinsternis zu Algier am 28. Mai 1900. Phys. Ztschr. 2, S. 66, 1900.

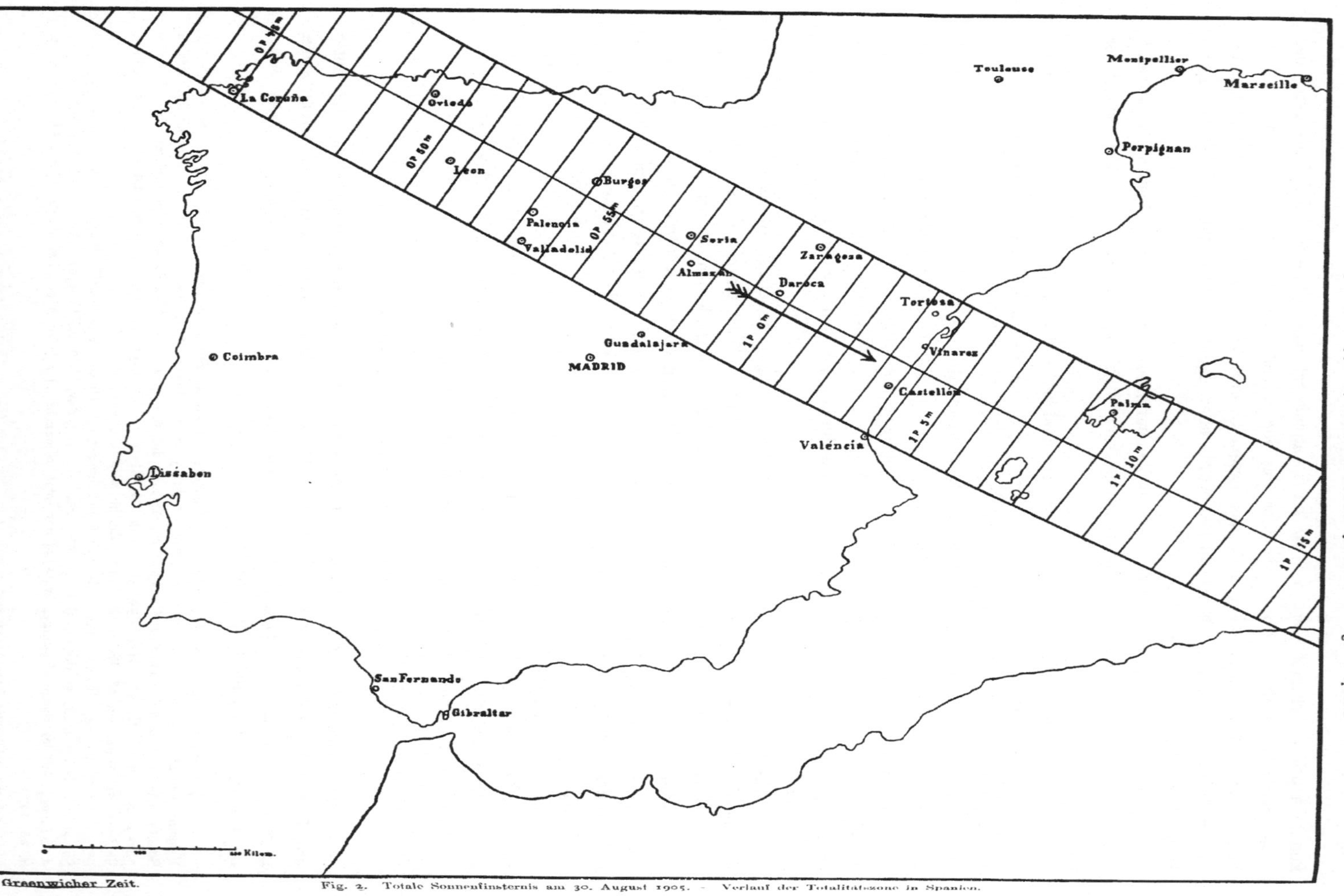

Fig. 2.　Totale Sonnenfinsternis am 30. August 1905. — Verlauf der Totalitätszone in Spanien.

Die Breite der Totalitätszone betrug annähernd 200 km, die mittlere Dauer der Totalität gegen 3 Minuten. Die längste Totalitätsdauer fand in Spanien statt, wo sie in der Nähe von Burgos den Wert von $3^m 44^s$ erreichte.

Partiell sichtbar war die Finsternis in der Osthälfte Nord-Amerikas, der nördlichen Hälfte des Atlantischen Ozeans, der nördlichen Hälfte Afrikas, in Europa, dem westlichen Asien und in den nördlichen Polargegenden.

Der Anfang der Totalität am Winnipegsee fiel auf 10^{38}a mittlerer Greenwicher Zeit, das Ende in Arabien auf 3^{37}p.

Von vornherein wurde nun in Aussicht genommen, die beabsichtigten Messungen in Spanien zur Ausführung zu bringen. Für die meteorologischen und luftelektrischen Beobachtungen ware ja freilich ein Platz in Algerien oder Aegypten, für welche der Vorsteher des Meteorologisch-Magnetischen Observatoriums, Herr Professor Dr. Sprung, lebhaft eintrat, reichlich so aussichtsvoll gewesen, hatte man hier doch noch mit größerer Wahrscheinlichkeit als in Spanien auf gutes Wetter zu rechnen. Allein der Wahl eines Platzes in diesen Gegenden standen auch mehrere Schwierigkeiten und Bedenken entgegen. Einmal reichten die zur Verfügung gestellten Mittel nicht aus, um eine Expedition auf so weite Entfernung hin zu entsenden. Denn von den im Vorwort erwähnten 5000 Mk. wurden zunächst 1000 Mk. als Beihilfe für die Beschaffung der notwendigen Instrumente bestimmt, die ja glücklicherweise zum größten Teile den Beständen des Meteorologisch-Magnetischen Observatoriums in Potsdam entnommen werden konnten. Für die Bestreitung der eigentlichen Expeditionskosten, d. h. der Reisekosten für zwei wissenschaftliche Mitglieder und einen Diener, der Transportkosten, der Stationsmiete usw. blieben also nur noch 4000 Mk. übrig, eine gewiß nicht hohe Summe, wenn man bedenkt, daß die Expedition sich etwa drei Wochen auf der Station aufhalten sollte. Sodann aber bot Spanien in magnetischer Hinsicht den großen Vorzug, daß sich in nicht zu weiter Ferne magnetische Observatorien zu beiden Seiten der Totalitätszone befanden, deren Resultate bei den Beobachtungen herangezogen werden konnten.

Nachdem wir uns nun definitiv für Spanien entschieden hatten, war das Auffinden einer geeigneten Gegend nicht mehr allzu schwierig. Von dem nordwestlichen Teile Spaniens wurde ohne Weiteres Abstand genommen, da die klimatischen Verhältnisse hier recht wenig günstig waren. Der östliche, am Mittelmeer gelegene Teil der Totalitätszone war bereits durch das Ebro-Observatorium der Jesuiten in Tortosa besetzt, das ebenfalls alle diejenigen Messungen plante, die wir anzustellen gedachten. Auch waren wir bestrebt, die Nähe der Küste zu meiden, und so fiel denn unsere Wahl sehr bald auf Burgos, die an der direkten Strecke Paris-Madrid auf der nordkastilischen Hochebene in ca. 850 m Meereshöhe gelegene Geburtsstadt des spanischen Nationalhelden el Cid Campeador.

Burgos erschien uns in jeder Beziehung als ein günstiger Ort. Nach den Beobachtungen, welche das Observatorium in Madrid[1]) in den Jahren 1902, 1903 und 1904 schon im Hinblick auf die bevorstehende totale Sonnenfinsternis hatte anstellen lassen, gestaltete sich die

---

[1]) Observatorio astronómico de Madrid, Memoria sobre el eclipse total de sol del dia 30 de agosto de 1905, Madrid 1904.

mittlere mittägige Bewölkung für die Zeit vom 15. August bis 14. September nach Beobachtungen um 0^{30} p, 1^0 p und 1^{30} p in der Provinz Burgos folgendermaßen:

Jahr	Zahl der Stationen	a	b
1902	7	4.7	1.1
1903	17	4.5	0.9
1904	20	2.9	0.7

Hierin bezeichnet

a denjenigen, in Zehnteln geschätzten Teil des Himmels, der in der oben angegebenen Zeit von Wolken bedeckt war,

b den Grad der Sichtbarkeit der Sonne, nach folgender Skala geschätzt: 0 = Sonne ganz frei, 1 = Sonne hinter ganz leichten Wolken, 2 = Sonne durch Wolken sichtbar, 3 = Sonne ganz bedeckt.

Weitere, die Witterungsverhältnisse betreffende Daten gibt die nachstehende kleine Übersicht, die am angeführten Orte ebenfalls mitgeteilt ist und sich auf zehnjährige Beobachtungsmittel in der Stadt Burgos bezieht.

Ort	Temperatur (°C)			Rel. Feucht. (%)	Bewölkung			Wind		
	Mittel	Max.	Min.		Heitere Tage	Wolkige Tage	Bedeckte Tage	still	leicht	frisch
Burgos	17.0	24.8	9.3	55	15.2	13.2	2.6	16.4	9.8	4.8

Nach diesen klimatologischen Angaben, die auch im Vergleich zu denjenigen anderer spanischer Stationen als recht günstige zu bezeichnen waren, konnte man in Burgos wohl mit ziemlich großer Wahrscheinlichkeit auf gutes, wolkenloses und auch sonst für die beabsichtigten Messungen geeignetes Wetter rechnen. Man befand sich hier außerdem ganz nahe der Zentrallinie der Verfinsterung (nur etwa 18 km nördlich davon), man hatte hier die recht große Dauer der Totalität von $3^m 44^s$, man war auch wohl — worauf für die meteorologischen und luftelektrischen Beobachtungen großes Gewicht gelegt wurde — hinreichend weit von der Küste entfernt und hatte verhältnismäßig trockene Luft zu erwarten. Endlich fand sich in Burgos auch noch sehr leicht Anschluß an astronomische Expeditionen, die sich hier ebenfalls in größerer Zahl einzurichten gedachten und von denen man dann in bequemer Weise genaue Angaben über Zeit entnehmen konnte. Man war somit nicht darauf angewiesen, eigene Zeitbestimmungen zu machen. Aus allen diesen Gründen wurde die Stadt Burgos endgültig zur Station ausersehen.

Äußerer Verlauf der Reise.

Da sich ein Einfluß der Finsternis auf die meteorologischen, luftelektrischen und magnetischen Elemente mit größerer Sicherheit erst aus der Abweichung der zur Zeit der Finsternis beobachteten Werte von den mittleren, normalen, ergibt, so war es erforderlich, sich auch über die letzteren genügende Kenntnis zu verschaffen. Es wurde daher beschlossen, daß die Registrierungen etwa 8 Tage vor der Finsternis beginnen und 8 Tage nach derselben noch fortgesetzt werden sollten.

Um nun rechtzeitig mit der Aufstellung und Ingangsetzung der zahlreichen Instrumente fertig zu werden, reiste die Expedition am 9. August 1905 von Potsdam ab. Das aus 20 großen Kisten bestehende, 1500 kg schwere Instrumentarium war bereits Mitte Juli als Frachtgut nach Burgos vorgeschickt worden.

Die Reise führte über Paris-Irun zunächst nach San Sebastian, wo mit dem dortigen deutschen Konsul, Herrn Lewin, Rücksprache über verschiedene, die spanischen Verhältnisse betreffende Angelegenheiten genommen wurde. In San Sebastian hatte die Expedition auch die Ehre, den hier gerade weilenden deutschen Botschafter in Madrid, Exzellenz von Radowitz, begrüßen und von ihm mehrfache, sehr wertvolle Ratschläge für den Aufenthalt in Spanien entgegennehmen zu dürfen. Am 15. August mittags traf sie in Burgos ein, auf das Liebenswürdigste von drei Mitgliedern einer Fremdenkommission empfangen, die sich hier für die zu erwartenden zahlreichen ausländischen wissenschaftlichen Expeditionen gebildet hatte.

Noch an demselben Tage gelang es, in der Nähe der Stadt eine für die besonderen Zwecke der Expedition gut geeignete Station ausfindig zu machen. Sie hatte überdies den Vorzug, nur 3 km vom Mittelpunkt der Stadt entfernt zu sein, sodaß es den Mitgliedern der Expedition ermöglicht wurde, in Burgos Wohnung zu nehmen, ein Umstand, der bei den etwas eigentümlichen Verhältnissen in und bei der Station nicht zu unterschätzen war.

Nachdem die gemieteten Räume am 16. August gesäubert worden waren, wurde am 17. August das bereits auf dem Bahnhofe lagernde Instrumentarium angefahren. Es begann sofort das Auspacken und Aufstellen der Instrumente, und dabei zeigte sich glücklicherweise. daß sämtliche unversehrt übergekommen waren.

Die Installation ging sehr glatt von statten, sodaß bereits am 19. August die Hauptinstrumente, die luftelektrischen und magnetischen in Tätigkeit waren und vom 23. August ab ein regelmäßiger und vollständiger meteorologischer und magnetischer Beobachtungsdienst eingeführt werden konnte. Auch im weiteren Verlaufe traten keine nennenswerten Störungen in diesem Betriebe ein, vielmehr funktionierten sämtliche Instrumente durchweg gut bis zum Schlusse.

Nachdem am 30. August, dem Tage der Finsternis, neben den gewöhnlichen Registrierungen auch noch Augenbeobachtungen in verschärftem Maße vorgenommen waren, wurde am 4. September allmählich mit dem Abbruch begonnen, und zwar zunächst mit demjenigen der magnetischen Apparate, während die meteorologischen und luftelektrischen bei dem jetzt eingetretenen schönen Wetter noch einige Tage in Gang blieben. Am 6. September wurden jedoch auch diese fortgenommen, am 9. September war das Letzte verpackt und am 10. September konnte alles als Frachtgut nach Potsdam zurückgeschickt werden. In unversehrtem Zustande trafen die Instrumente hier gegen Ende September wieder ein, nachdem die Mitglieder der Expedition schon einige Zeit vorher zurückgekehrt waren.

Von besonderen Ereignissen während des Aufenthalts in Burgos ist der offizielle Empfang zu erwähnen, den die Stadt am 27. August zu Ehren der hierher gesandten wissenschaftlichen Expeditionen im Rathause veranstaltete. Außer der deutschen waren hier von Expeditionen vertreten: Eine holländische, eine englische, zwei französische, eine belgische, eine rumänische und mehrere spanische.

Vor allem aber ist des Allerhöchsten Besuches Seiner Majestät des Königs Alfons XIII. zu gedenken, dem wir unsere Station am 29. August eingehend zeigen durften.

Lage und Beschreibung der Station.

Die Station lag 3 km östlich von Burgos (Fig. 3) in

$$\varphi = 42^0\ 20'.5\ \text{N. Br.,}$$

$$\lambda = \begin{Bmatrix} 3^0\ 40'\ 16'' \\ 0^h\ 14^m\ 41^s.5 \end{Bmatrix}\ \text{W. L. v. Gr. und einer}$$

Meereshöhe von 849 m.

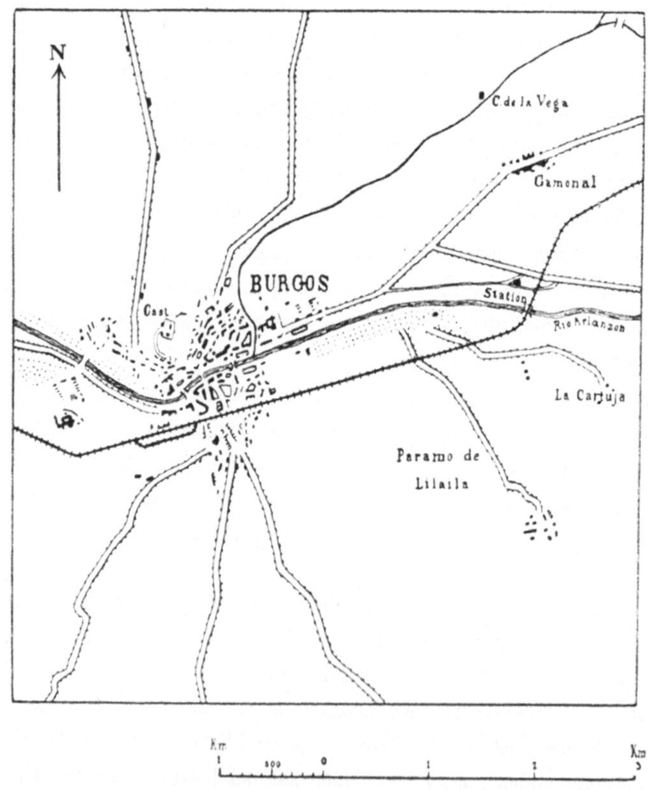

Fig. 3. Plan von Burgos und Umgegend.

Hier konnten in der „Plantío del Señor Arnaiz" (Fig. 4), einer nach unseren Begriffen recht einfachen Landschenke, drei abgeschlossene Räume zur Verfügung gestellt werden, die in einem auf der Südwest-Ecke befindlichen, turmartigen Bau (Fig. 4 und 5) gelegen waren und über Erwarten gut allen billigen Anforderungen hinsichtlich der Installation der

Fig. 4. Vorderansicht der Beobachtungsstation.

Fig. 5. Turmartiger Anbau der Station mit den Beobachtungsräumen.

Fig. 6. Blick auf die Station von Süden aus.

Fig. 7. Blick von der Station nach der Stadt Burgos.

Instrumente entsprachen. Auch die allgemeine Lage der Station war eine derartige, daß sie einwandfreie Resultate bei den beabsichtigten Messungen verbürgte. Wie aus Fig. 6 und 7 zu ersehen ist, lag sie in einem ebenen Gelände, einem Tale des in der Nähe vorbeifließenden Arlanzónflusses, genügend weit von allen Einflüssen, welche vielleicht die magnetischen Apparate hätten stören können. Dabei erwies sich die Lage der Station auch insofern noch als besonders günstig, als aus einigen, freilich noch über 5 Minuten weit entfernten Wasserstellen des sonst gänzlich ausgetrockneten Arlanzóns genügend Wasser für den Kollektor des Registrier-Apparats für Potentialgefälle entnommen werden konnte. Weiterhin befand sie sich fast genau östlich von der Stadt Burgos, und auch dies erschien sehr wichtig, da bei der zu erwartenden Hauptwindrichtung, der östlichen, eine Störung der meteorologischen und luftelektrischen Registrierungen durch den Rauch und Staub der benachbarten Stadt nicht zu befürchten stand.

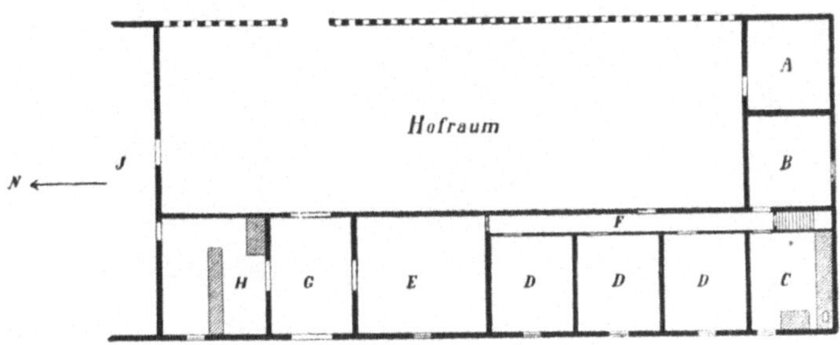

Fig. 8. Grundriß des Stationsgebäudes.

In Fig. 8 ist ein Grundriß des Stationsgebäudes gegeben, aus welchem man die Anordnung der vorhandenen Räume und ihre Verwendung entnehmen kann. Zur Aufstellung der meteorologischen und luftelektrischen Instrumente diente der in der Vorderfront gelegene Raum C sowie der darüber befindliche (s. auch Fig. 5), zur Aufstellung der magnetischen photographisch-registrierenden Apparate der Raum B, der am leichtesten abzudunkeln war und auch jedenfalls die geringste Temperaturschwankung erwarten ließ. An B schloß sich ein Holz- und Hühnerstall A; auf C folgten drei wenig benutzte Zimmer D, in welchen Getreide und Wein lagerte. Durch den Gang F waren die Beobachtungsräume mit dem großen Vorraum E verbunden, in welchem sich sehr willkommene Gelegenheit zum Auspacken und Aufstapeln der großen Instrumentenkisten bot. Von E kam man direkt in die Hauseinfahrt G und von hier in die Wirtschaftsräume H.

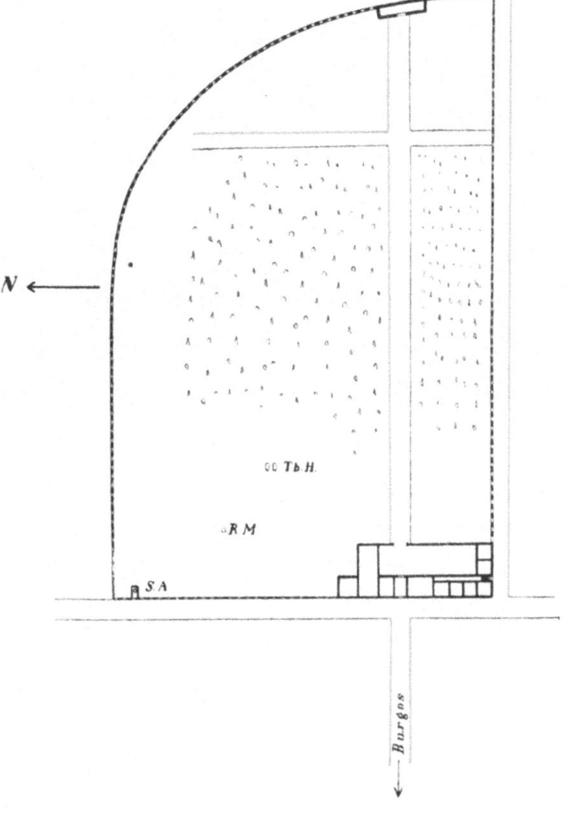

Fig. 9. Plan des Geländes hinter der Station.

Für diejenigen meteorologischen Instrumente, welche im Freien aufgestellt werden mußten, wie die englische Hütte mit Thermographen und Hygrographen, einen Sonnenschein-Autographen sowie einen Regenmesser, fand sich noch ein sehr passender Aufstellungsort in einem hinter den Gebäuden befindlichen Garten (Fig. 9 und 10). Die Mitte dieses, etwa 200 m langen und 120 m breiten, mit einer $2^{1}/_{2}$ m hohen Steinmauer umgebenen Geländes war mit Kiefern

Fig. 10. Garten hinter der Station.

bestanden. Die Bäume hatten jedoch nur eine Höhe von etwa 5 m und standen in einer derart weiten Entfernung von den verschiedenen meteorologischen Instrumenten, daß eine Störung der letzteren nicht zu befürchten war. In dem anderen, völlig freien Teile des Gartens konnten nun Thermometerhütte, Regenmesser und Sonnenschein-Autograph ihre Aufstellung finden, wie aus den Abbildungen zu entnehmen ist.

Ergebnisse der meteorologischen und luftelektrischen Beobachtungen.

Von Prof. Dr. G. Lüdeling.

Instrumentarium.

An meteorologischen Instrumenten waren mitgenommen worden:

1. Zur Registrierung des Luftdrucks: Ein großer Laufgewichts-Barograph nach Sprung-Fueß, daneben noch ein kleiner Aneroid-Barograph von Richard frères und ein Statoskop, letzteres besonders für die feineren Luftdruckschwankungen, die eventuell bei der Sonnenfinsternis eintreten würden;

2. zur Registrierung der Temperatur: Ein Aspirations-Thermograph nach Fueß, dessen Aspirator durch einen Heißluftmotor getrieben wurde; ferner ein kleiner Thermograph nach Richard frères;

3. zur Registrierung der Feuchtigkeit: Zwei Haar-Hygrographen, davon einer mit schnell laufender Walze;

4. zur Registrierung der Windrichtung: Eine mechanisch registrierende Windfahne;

5. „   „   „ Windgeschwindigkeit: Ein elektrisch registrierendes Schalenkreuz-Anemometer;

6. zur Registrierung des Sonnenscheins: Ein Sonnenschein-Autograph nach Campbell-Stokes;

7. zur Messung etwaiger Niederschläge: Ein Hellmannscher Stations-Regenmesser, Mod. 86.

Zur Kontrolle der Angaben für Luft-Temperatur und -Feuchtigkeit wurden mindestens drei mal täglich Vergleichsbeobachtungen mit dem Aßmannschen Aspirations-Psychrometer vorgenommen.

An luftelektrischen Apparaten wurden mitgeführt:

1. Zur Registrierung des Potentialgefälles: Ein mechanisch registrierendes Quadranten-Elektrometer nach Benndorf, nebst zugehörigem Wasserkollektor;

2. zur Registrierung der Zerstreuung: Ein zweites, ebensolches Elektrometer nebst Aspirations-Einrichtung und Heißluftmotor;

3. zur Messung der Ionenbeweglichkeit (Zerstreuung): Zwei Zerstreuungsapparate nach Elster und Geitel;

4. zur Messung der Ionenzahl: Zwei Aspirationsapparate nach Ebert;

5. zur Bestimmung des Reduktionsfaktors der Messungen für Potentialgefälle auf ebenes Feld: Transportable Exnersche Apparate (Flammenkollektor, Elektroskop usw.);

6. zur Messung der Radioaktivität der Luft: Ein vollständiges Instrumentarium nach Elster und Geitel;

7. zur Messung der ultravioletten Strahlung: Ein Aktinometer nach Elster und Geitel.

Meteorologische und luftelektrische Beobachtungen vor und nach der Finsternis.

a) Luftdruck.

Das Hauptinstrument, ein Laufgewichts-Barograph nach Sprung-Fueß, fand seine Aufstellung im unteren südwestlichen Zimmer C (Fig. 8) und zwar an der Westwand desselben auf einer sehr festen, mit Steinen beschwerten Holzkiste. Neben ihm stand auch der kleine Aneroid-Barograph von Richard frères. Das von letzterem ebenfalls bezogene Statoskop dagegen war im magnetischen Registrierraum B untergebracht, da man hier, wie bereits erwähnt, die geringsten Temperaturschwankungen zu erwarten hatte.

Es dürfte überflüssig sein, über die beiden zuletzt genannten Instrumente, das Statoskop und den Aneroid-Barographen noch nähere Angaben zu machen. Dagegen soll hier noch an der Hand der Abbildung des Instrumentes eine ganz kurze Beschreibung des Laufgewichts-Barographen von Sprung-Fueß gegeben werden, wiewohl auch dieser Apparat weiteren Kreisen bekannt geworden ist. Allein die Überzeugung, daß gerade dieses Instrument für die genaue und einwandfreie Aufzeichnung der bei Sonnenfinsternissen eventuell auftretenden Luftdruckschwankungen in hervorragendem Maße geeignet ist, lassen es mich als wünschenswert erscheinen, auch hier mit kurzen Worten auf den Bau und die Wirkungsweise desselben einzugehen. Bezüglich aller Einzelheiten verweise ich auf die genaue Beschreibung des Instruments, die von dem Verfasser, Herrn Professor Dr. Sprung, selbst gegeben ist[1]).

Das Barometerrohr B (Fig. 11) hängt an dem längeren Arme eines bei r unterstützten, ungleicharmigen Wagebalkens, während am langen Arm bei H ein größeres Gegengewicht angreift, das zusammen mit dem Laufrade L dazu dient, den Wagebalken stets äquilibriert zu halten. Dieses Laufrad verschiebt sich nämlich automatisch derartig, daß alle Änderungen im Gewicht des Barometerrohres, also alle Luftdruckschwankungen durch entsprechende Verschiebungen des Laufrades wieder ausgeglichen werden, wobei gleichzeitig die Aufzeichnung stattfindet. Der Vorgang ist der folgende: Mit Hilfe einer besonderen Einrichtung wird das Laufrad auf dem mit einer spiralförmigen, eingeschnittenen Nute versehenen Wagebalken derart nach links oder rechts verschoben, daß das System stets im Gleichgewicht ist, der Wagebalken sich also von selbst in horizontaler Lage hält. (Genau genommen ist die Gleichgewichtslage keine ganz vollkommene, sondern wird stets nach beiden Seiten hin ein wenig

---

[1]) Bericht über die wissenschaftlichen Instrumente auf der Berliner Gewerbeausstellung 1879, S. 233; Wagebaragraph mit Laufgewicht nach Sprung, Zeitschr. der österr. Gesellsch. für Meteorologie 1881; A. Sprung, Neuer Thermobarograph mit Laufgewicht, Zeitschr. für Instrumentenkunde 1886, S. 189 und 232; A. Sprung, Über Theorie und Praxis des Laufgewichts-Barographen, Zeitschr. für Instrumentenkunde 1905, S. 37 und 73.

überschritten, sodaß die Registrierung eigentlich in einer feinen Zickzackkurve besteht. Infolge-
dessen gibt es aber keinerlei Nachhinken der Angaben der Registrierwage, wie es sonst bei den
meisten Registrier-Apparaten vorkommt). Die Führung des Laufrades erfolgt durch einen kleinen
Wagen, an dem sich auch die Schreibfeder F
befindet. Hinter der letzteren sinkt die auf
der Abbildung sichtbare viereckige Tafel mit
dem darauf gelegten Registrierpapier in 24
Stunden herab und treibt dabei die Uhr.

Da bei diesen Bewegungen des Laufrades häufiger kleinere Störungen auftreten,
die sich aus der Molekularwirkung zwischen
dem gebrauchten Quecksilber und der Wand
des Barometerrohres ergeben, so ist noch ein
kleiner Taucher T angebracht, der in gewissen
Intervallen in das Quecksilber des Barometer-
gefäßes G hineingedrückt wird. Dies erfolgt
dadurch, daß er durch Hebelübertragung mit
dem Anker eines Elektromagneten E in Verbindung gebracht ist, der von Zeit zu Zeit
durch den Kontakt an einem Uhrwerk in
Tätigkeit gesetzt wird.

Für den Wagebarographen wurden der
Expedition zwei dazugehörige Barometerrohre
mitgegeben, ein mit Quecksilber gefülltes und
ein leeres Reserverohr nebst dem erforderlichen Ersatz an Quecksilber für eine etwaige
neue Füllung. Wiewohl bei dem Transport
des gefüllten, von dem Mechaniker Fueß selbst
verpackten Rohres jede nur denkbare Vorsicht
angewandt wurde, verunglückte dasselbe doch
schon bald nach Antritt der Reise auf der
Eisenbahnfahrt zwischen Brüssel und Paris.
Mit einigem Bangen ging ich in Burgos an das

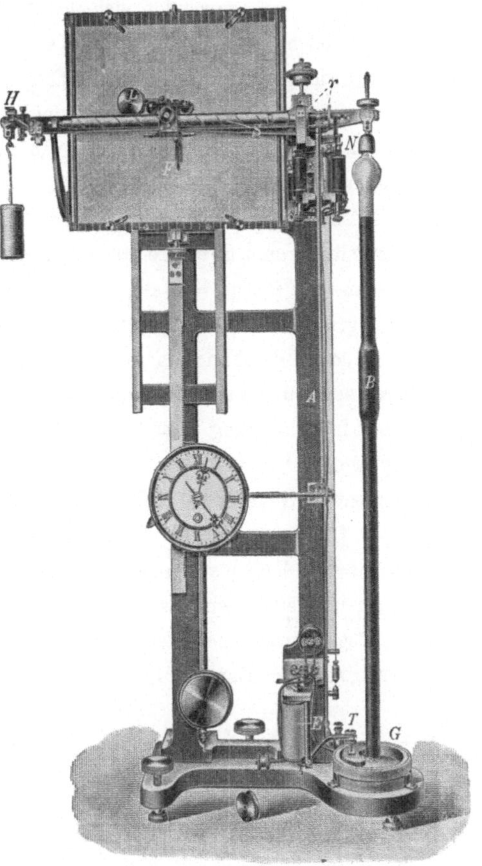

Fig. 11.

Füllen des Reserverohres, eine Arbeit, die bei der Weite des Rohres, zu dessen Füllung 4.7 kg
Quecksilber erforderlich waren, erhebliche Schwierigkeiten bot. Dank dem Umstande, daß ein
solches Füllen der Vorsicht wegen schon vor der Abreise in Potsdam einige Male eingeübt war,
und zwar nach einer von Herrn Professor Dr. Sprung beschriebenen und sehr empfehlens-
werten Methode[1]), ging alles glatt vonstatten. Sehr erleichtert atmete ich auf, als die Füllung
beendet war und sich als gut gelungen erwies.

---

[1]) A. Sprung, Über Theorie und Praxis des Laufgewichts-Barographen. Zeitschr. f. Instrumentenkunde
1905, S. 76.

Am 22. August konnte der Wagebarograph in Gang gesetzt werden, und von diesem Tage an ist er ununterbrochen bis zum Schlusse am 6. September in Gebrauch gewesen.

Dem Apparate waren zwei Laufräder beigegeben, das eine für eine 10fache, das andere für eine etwa 18fache Vergrößerung. In der ersten Zeit, vom 22. bis 25. August arbeitete der Barograph mit der kleineren, vom 26. August ab dagegen mit der größeren, genau 18.4fachen Vergrößerung. Anfangs zeigten sich mehrfach einige Störungen im Gange der Registrierung, die aber fortblieben, sobald man den Taucher zur Anwendung brachte. Nun bot es freilich gewisse Schwierigkeiten, diesen regelmäßig funktionieren zu lassen, da ohne weiteres keine Uhr mit Kontaktvorrichtung zur Verfügung stand, mit welcher man in bestimmten Zwischenräumen das Schließen des Elektromagneten und damit das Hinunterdrücken des Tauchers in das Quecksilber hätte herstellen können. Nachdem aber das später noch zu erwähnende Registrier-Anemometer aufgestellt worden war, wurde der Elektromagnet des Tauchers in Parallelschaltung zum Stromkreis der elektrischen Registrierung des Anemometers gelegt. So erhielt man bei jedem Kontakt, den das Anemometer nach einer bestimmten Anzahl von Umdrehungen machte — in Zwischenzeiten von im Mittel vielleicht zwei Minuten — zugleich ein Hinunterdrücken des Tauchers in das Barometergefäß. Von diesem Augenblick an arbeitete der Barograph durchaus zufriedenstellend, auch bei der hohen Empfindlichkeit, bei der also 1 mm Luftdruckänderung einer Standänderung der Schreibfeder von 18.4 mm entsprach. Man durfte wohl erwarten, mit einer derartigen Vergrößerung allen Anforderungen gewachsen zu sein. Nicht so große Genauigkeit freilich boten die Registrierungen hinsichtlich der Bestimmung der Zeit. Der Zeitraum von einer Stunde entsprach hier nur der verhältnismäßig kleinen Strecke auf dem Papier von 10 mm. Man hatte nun allerdings beabsichtigt, die Zeitskala zu verdoppeln und zu diesem Zweck ein entsprechend kürzeres Pendel für das Uhrwerk bestellt, das die Registriertafel heruntergleiten läßt. Man hätte dann, wenn auch nicht dauernd, so doch wenigstens am Tage der Finsternis mit einer doppelten Zeitskala arbeiten können. Leider

Tab. I.   Luftdruck.

Datum		1ᵃ	2ᵃ	3ᵃ	4ᵃ	5ᵃ	6ᵃ	7ᵃ	8ᵃ	9ᵃ	10ᵃ	11ᵃ	Mg
August	22	—	—	—	—	—	—	—	—	—	—	—	—
	23	90.75	90.74	90.58	90.65	90.63	90.78	90.77	90.75	90.60	90.64	90.54	90.38
	24	89.39	89.18	89.07	88.83	88.80	88.79	88.69	88.18	88.10	87.92	87.60	87.28
	25	85.84	85.86	85.80	85.66	85.78	85.80	85.57	85.65	85.80	85.60	85.63	85.44
	26	86.86	86.85	86.85	87.15	87.44	87.80	88.25	88.55	88.80	88.97	88.87	88.89
	27	—	—	—	—	—	—	—	92.00	92.08	92.19	92.00	91.76
	28	91.42	91.45	91.29	90.70	90.90	90.99	90.78	90.65	90.45	90.34	90.26	89.60
	29	86.30	86.04	85.89	85.70	85.50	85.42	85.45	85.54	85.37	85.30	85.46	85.44
	30	—	—	—	—	—	—	87.20	87.30	87.43	87.49	87.49	87.30
	31	89.26	89.24	89.29	89.35	89.61	90.00	90.56	90.56	90.60	90.80	90.80	90.62
September	1	92.59	92.61	92.71	92.55	92.75	92.94	93.49	93.65	93.61	93.60	93.61	93.46
	2	94.36	94.30	—	—	—	—	—	94.41	94.59	94.50	94.35	94.35
	3	95.00	95.00	95.00	94.75	94.69	94.84	95.04	95.00	95.19	95.17	95.14	95.01
	4	95.37	95.34	95.33	95.10	94.95	95.06	95.11	95.20	95.20	95.10	94.75	94.70
	5	93.30	93.03	92.75	92.20	91.89	91.60	91.50	91.52	91.54	91.27	90.97	90.44
	6	88.35	88.10	87.99	88.10	88.15	88.45	88.90	88.93	—	—	—	—
Zahl der Tage		12	12	11	11	11	11	12	14	13	13	13	13
Mittel		91.c8	90.99	90.61	90.46	90.48	90.61	90.48	90.87	91.04	91.02	90.91	90.71

wurde dieses kürzere Pendel nicht rechtzeitig fertiggestellt, sodaß man bei dem gewöhnlichen Stundenintervall von 10 mm verbleiben mußte.

Der Stand des Wagebarographen wurde nun mit Hilfe der Ablesungen an einem Normal-Barometer justiert und kontrolliert, die an der meteorologischen Station im Instituto Provincial zu Burgos zweimal täglich um 9ᵃ und 9ᵖ angestellt sind.

Die so erhaltenen stündlichen Werte für den Luftdruck finden sich in Tab. 1. Da es hier darauf ankam, aus den gewonnenen Registrierungen den normalen täglichen Gang abzuleiten, so wurde bei der Mittelbildung der 25. August ausgeschlossen, als ein Tag mit außergewöhnlichen Schwankungen im Luftdruck.

Auf S. 24 ist auch eine graphische Darstellung der Mittelwerte des Luftdrucks für den beobachteten Zeitraum vom 22. August bis 6. September gegeben. Man ersieht aus dieser außerordentlich deutlich, daß der tägliche Gang durch eine doppelte Periode dargestellt wird, die das Hauptmaximum zwischen 9 und 10 Uhr abends, ein sekundäres Maximum zwischen 9 und 10 Uhr morgens, das Hauptminimum zwischen 4 und 5 Uhr nachmittags und ein sekundäres Minimum zwischen 4 und 5 Uhr früh besitzt. Die Tagesschwankung beträgt 1.0 mm, die Nachtschwankung 0.8 mm. Da man als Maß der täglichen Schwankung, als Amplitude der täglichen Barometeroszillation mit Kämtz das Mittel aus den Amplituden der Tages- und der Nachtschwankung nehmen kann, so hat man also für die in Burgos beobachtete Zeit eine mittlere Tagesamplitude von 0.9 mm im Luftdruck. Der ganze tägliche Gang entspricht damit demjenigen, den man nach der geographischen Lage des Beobachtungsortes erwarten durfte.

Von einer genaueren Ableitung des täglichen Ganges nach zuvor erfolgter Elimination der unregelmäßigen Änderungen im Barometergange ist Abstand genommen worden, da einerseits die vorhandene Beobachtungsreihe doch nur eine verhältnismäßig kurze ist, und da es

Luftdruck. Tab. I.

1ᵖ	2ᵖ	3ᵖ	4ᵖ	5ᵖ	6ᵖ	7ᵖ	8ᵖ	9ᵖ	10ᵖ	11ᵖ	Mn	Mittel
90.41	90.06	89.79	89.49	89.61	89.70	90.35	90.69	91.03	91.00	90.94	90.80	90.32
90.18	90.00	89.75	89.83	89.75	89.80	89.99	90.15	90.15	90.03	89.84	89.68	90.29
87.00	86.83	86.66	86.30	86.14	86.00	86.13	86.22	86.27	86.24	86.23	86.12	87.42
85.27	85.20	85.12	85.15	85.30	85.18	85.56	86.00	86.36	86.55	86.58	86.76	85.73
88.90	88.61	88.51	88.56	88.60	89.05	—	—	—	—	—	—	88.20
91.57	91.34	91.00	90.90	90.85	91.20	91.60	91.99	92.20	92.05	92.02	91.78	91.68
89.18	88.65	88.29	87.95	87.58	87.40	87.35	87.40	87.37	86.91	86.82	86.56	89.18
85.44	85.49	85.50	85.60	85.86	86.10	86.34	—	—	—	—	—	85.62
87.30	87.20	87.10	87.34	87.60	87.96	88.44	88.95	89.10	89.02	89.10	89.25	87.92
90.60	90.49	90.35	90.35	90.55	90.70	91.25	91.85	92.35	92.54	92.71	92.95	90.72
93.35	93.06	92.86	92.76	92.91	93.10	93.50	94.00	94.10	94.25	94.41	94.41	93.34
94.26	94.20	93.95	93.80	93.75	93.74	94.15	94.58	94.99	95.15	95.15	95.10	94.40
94.84	94.60	94.35	94.07	94.20	94.10	94.60	95.00	95.31	95.39	95.35	95.35	94.87
94.68	94.25	93.91	93.70	93.60	93.56	93.74	93.95	93.92	93.82	93.69	93.45	94.48
90.14	90.22	89.95	89.08	88.74	88.60	88.70	89.01	88.90	88.87	88.70	88.61	90.48
—	—	—	—	—	—	—	—	—	—	—	—	88.37
14	14	14	14	14	14	13	12	12	12	12	12	
90.56	90.36	90.14	89.98	89.98	90.07	90.47	91.15	91.31	91.27	91.25	91.17	**90.71**

Luftdruck
Temperatur
Absolute Feuchtigkeit
Relative Feuchtigkeit
Windrichtung
Wind-Geschw.
Sonnenschein-Dauer
Luftelektr. Potentialgef.
Luftdruck-Änderung

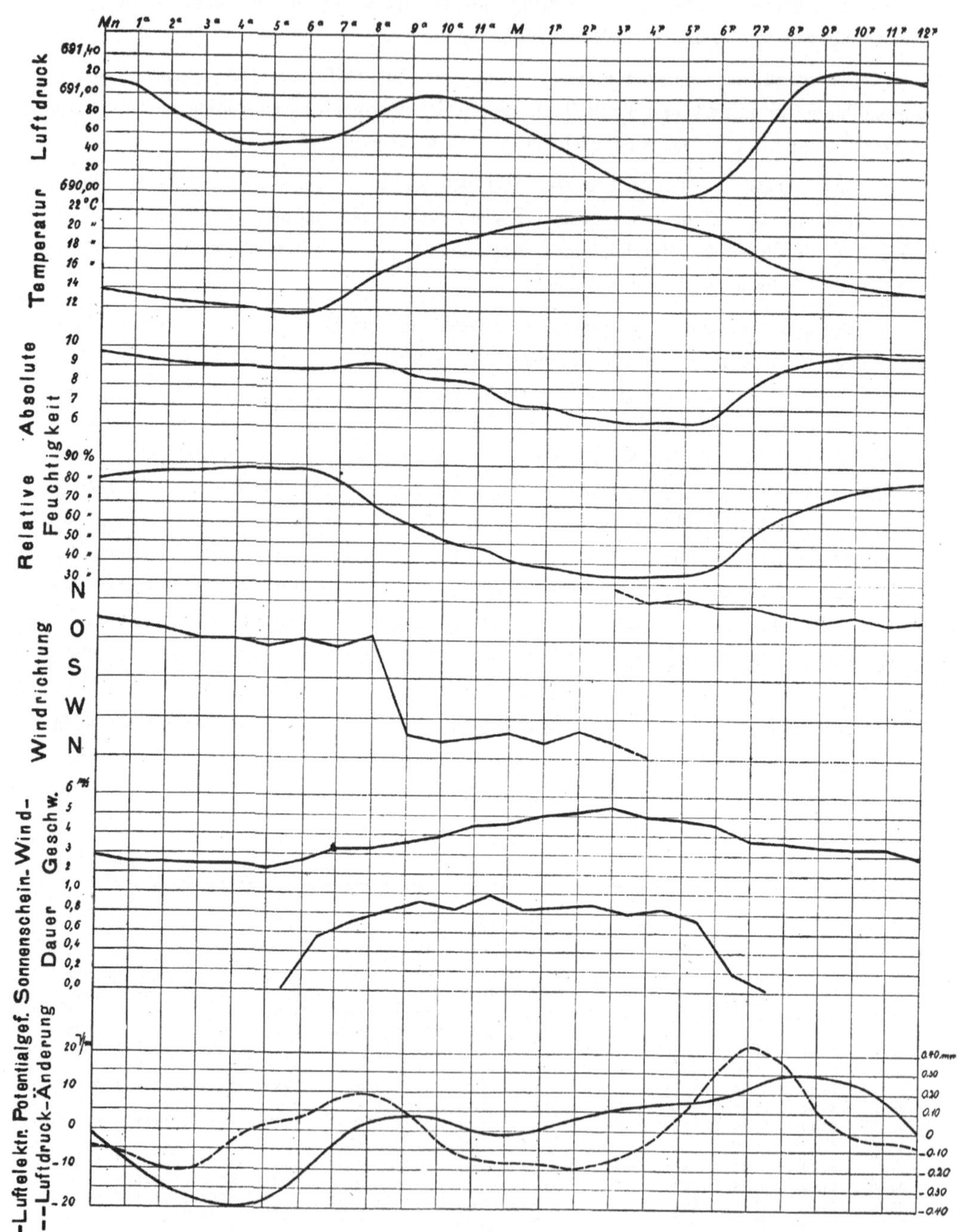

Fig. 12.

andererseits bei den vorliegenden Untersuchungen auch nicht so sehr auf eine ganz strenge Ableitung ankam.

b) Temperatur.

Für die Apparate zur Aufzeichnung der Lufttemperatur wurde eine englische Hütte mitgenommen, die einen geeigneten Aufstellungsplatz in dem hinter dem Stationsgebäude befindlichen Garten erhielt (Fig. 10 und 13).

Zur Registrierung der Temperatur diente ein Thermograph der gewöhnlichen Art von Richard frères in Paris, den man dreimal täglich durch Ablesungen an einem Aßmannschen Aspirations-Thermometer kontrollierte. Letzteres wurde zu diesem Zweck in Höhe des Thermographen neben der Thermometerhütte aufgehängt.

Außer dem Richardschen Thermographen befand sich in der Hütte noch ein Aspirations-Thermograph von Fueß-Steglitz, der aber nicht dauernd in Tätigkeit war. Zum Treiben des Aspirators hatte man einen Heißluftmotor von $1/_{30}$ PS der Firma Heinrici-Zwickau mitgenommen, der durch einen Spiritus-Bunsenbrenner geheizt wurde. Eine

Fig. 13.

besondere Übertragungsvorrichtung ermöglichte es, den Aspirator mittels eines Treibriemens mit dem Schwungrad des Heißluftmotors in Verbindung zu setzen, der auf einem Holzgerüst in der Nähe der englischen Hütte stand (Fig. 13). Dauernd den Aspirations-Thermographen in Gang zu halten, verbot sich aus mehrfachen Gründen. Zunächst war die Gefahr nicht von der Hand zu weisen, daß die dem heißen Brenner benachbarten, sehr trockenen Holzteile durch irgend einen unglücklichen Zufall Feuer fangen konnten, zumal man nicht in der Lage war, den Apparat ununterbrochen, auch während der Nachtstunden, zu beaufsichtigen. Sodann hätte der Dauerbetrieb sehr erhebliche Kosten verursacht, da der hierzu erforderliche Spiritus gerade in Spanien außerordentlich teuer ist. Vor allem aber sprach noch der eine Umstand gegen einen fortwährenden Gebrauch des Heißluftmotors, daß nämlich die Angaben des so betriebenen Aspirations-Thermographen nur dann als einwandfrei gelten konnten, wenn der Wind in der Richtung von der englischen Hütte, also vom Thermographen zum Aufstellungsort des Heißluftmotors wehte. Im entgegengesetzten Falle aber mußte eine erheblichere Störung der Thermographen und Thermometer dadurch eintreten, daß die heißen Gase vom Motor her an und in die Hütte

Tab. II. — Temperatur.

Datum		1[a]	2[a]	3[a]	4[a]	5[a]	6[a]	7[a]	8[a]	9[a]	10[n]	11[a]	Mg
August	22	—	—	—	—	—	—	—	—	—	—	—	—
	23	16.6	16.1	16.1	16.0	15.9	15.5	16.0	16.7	17.7	19.2	20.2	22.3
	24	14.7	14.5	14.2	13.9	13.6	14.0	15.0	17.7	19.3	21.2	23.0	24.0
	25	17.3	16.9	16.8	16.0	15.7	15.7	17.4	18.1	16.1	18.0	19.7	20.5
	26	15.8	15.7	15.2	14.8	14.6	14.7	15.2	16.8	17.5	18.5	18.5	19.5
	27	12.4	12.2	12.1	11.9	11.6	12.0	14.0	15.8	17.3	18.4	19.2	20.0
	28	11.3	10.7	10.5	10.7	11.0	11.3	13.0	17.0	18.9	20.5	21.2	22.0
	29	17.6	16.9	16.6	16.4	16.2	16.2	16.6	16.7	18.1	19.0	16.9	17.7
	30	9.1	8.4	8.0	7.2	6.8	6.7	7.9	12.9	15.0	15.9	15.6	16.5
	31	9.5	8.9	8.5	7.4	7.0	6.7	8.3	12.0	14.0	15.4	16.3	18.0
September	1	11.6	11.1	11.1	11.3	11.3	11.7	12.2	13.1	13.9	16.3	17.4	17.9
	2	12.7	12.3	12.7	12.7	11.6	11.4	12.5	14.2	15.5	17.7	18.9	19.7
	3	10.9	10.0	9.5	9.2	8.7	8.9	9.7	13.7	18.2	19.6	19.9	21.1
	4	13.6	13.0	12.0	10.9	10.5	10.1	11.0	15.5	18.5	22.4	23.6	25.1
	5	13.5	12.7	12.3	12.4	12.0	12.0	15.0	18.1	20.0	22.6	25.2	26.0
Zahl der Tage		14	14	14	14	14	14	14	14	14	14	14	14
Mittel		13.3	12.8	12.5	12.2	11.9	11.9	13.1	15.6	17.1	18.9	19.7	20.7

Tab. III. — Absolute Feuchtigkeit.

Datum		1[a]	2[a]	3[a]	4[a]	5[a]	6[a]	7[a]	8[a]	9[a]	10[n]	11[a]	Mg
August	22	—	—	—	—	—	—	—	—	—	—	—	—
	23	12.3	12.0	12.0	11.9	11.8	11.6	11.5	11.3	10.9	10.6	10.2	10.6
	24	10.6	10.7	10.9	11.1	10.9	11.1	11.2	11.8	11.8	11.2	10.0	7.8
	25	6.9	6.9	7.3	7.3	7.6	8.1	8.9	8.0	11.0	11.1	11.6	10.4
	26	11.1	11.3	11.2	11.4	11.2	11.3	11.1	10.8	10.4	9.5	8.2	7.3
	27	9.8	9.8	10.0	10.0	9.7	9.9	9.8	9.8	9.0	8.8	8.6	8.2
	28	9.5	9.2	9.1	8.8	8.9	8.8	8.4	8.1	7.3	7.0	6.6	6.3
	29	11.6	11.9	11.8	11.8	11.8	11.8	12.1	11.6	10.7	9.6	12.2	10.4
	30	8.5	8.2	7.9	7.4	7.2	7.0	7.2	7.3	5.5	5.6	5.0	4.6
	31	8.3	7.9	7.6	7.1	6.9	6.8	7.3	7.9	7.2	6.9	6.2	5.8
September	1	9.4	9.1	9.0	9.0	9.1	9.2	9.2	8.3	8.7	8.3	8.1	7.9
	2	9.5	10.0	10.1	10.2	9.8	9.7	9.4	9.0	9.2	8.9	8.9	8.0
	3	9.4	8.7	8.4	8.2	7.8	7.7	7.2	5.8	3.4	2.9	3.1	3.4
	4	9.2	8.9	8.9	8.7	8.5	8.3	7.8	9.1	7.5	7.5	6.5	5.9
	5	7.1	7.2	7.0	7.4	7.3	7.5	8.3	8.3	8.7	8.6	8.3	5.5
Zahl der Tage		14	14	14	14	14	14	14	14	14	14	14	14
Mittel		9.51	9.41	9.37	9.31	9.18	9.20	4.24	9.08	8.68	8.32	8.11	7.29

Tab. IV. — Relative Feuchtigkeit.

Datum		1[a]	2[a]	3[a]	4[a]	5[a]	6[a]	7[a]	8[a]	9[a]	10[a]	11[a]	Mg
August	21	—	—	—	—	—	—	—	—	—	—	39	34
	22	87	87	82	83	85	87	81	74	67	58	48	37
	23	87	88	88	88	88	88	85	80	72	64	58	53
	24	85	87	90	94	94	93	88	78	71	60	48	35
	25	47	48	51	54	57	61	60	52	81	72	68	58
	26	83	85	87	91	91	91	86	76	70	60	52	43
	27	91	92	95	96	96	95	82	73	61	56	52	47
	28	96	96	96	92	91	88	75	56	45	39	35	32
	29	77	83	84	85	86	86	86	82	69	59	85	69
	30	99	99	98	97	97	96	90	66	43	42	38	33
	31	94	93	92	92	92	92	89	76	60	53	45	38
September	1	92	92	91	90	91	90	87	74	74	60	55	52
	2	90	94	92	93	96	97	87	75	70	59	55	47
	3	96	95	95	94	93	91	80	50	22	17	18	18
	4	79	80	85	89	89	90	80	69	47	37	30	25
	5	62	66	66	69	70	72	65	54	50	42	35	22
Zahl der Tage		15	15	15	15	15	15	15	15	15	15	16	16
Mittel		84.3	85.6	86.1	87.1	87.7	87.8	81.4	69.0	60.1	51.8	47.5	40.1

Temperatur. Tab. II.

1p	2p	3p	4p	5p	6p	7p	8p	9p	10p	11p	Mn	Mittel	Max.	Min.	Diff.
—	—	—	—	—	23.8	21.0	19.0	18.3	18.1	17.7	17.1	—	—	—	—
22.7	22.1	21.8	20.8	20.4	18.3	17.0	16.3	16.0	15.7	15.4	15.0	17.9	22.2	15.0	7.2
23.5	24.0	23.7	23.7	23.8	23.1	22.3	20.9	20.0	19.9	18.3	18.2	19.4	25.0	13.5	11.5
21.3	22.6	22.1	21.8	21.0	20.5	19.3	19.0	17.6	16.8	16.3	16.0	18.4	22.7	15.6	7.1
20.0	20.8	20.5	21.0	20.8	18.3	16.0	14.5	13.6	13.2	13.4	12.9	16.7	21.5	13.0	8.5
21.1	21.7	21.8	21.9	21.9	21.0	17.1	15.7	14.1	13.6	13.0	12.1	16·3	22.6	11.6	11.0
23.1	24.1	24.5	23.5	23.0	22.0	20.9	19.9	19.4	19.1	18.7	18.0	18.1	24.7	10.4	14.3
19.9	19.1	19.7	18.6	17.1	16.9	15.0	13.6	12.5	11.6	11.0	11.1	12.1	20.4	9.5	10.9
14.6	17.5	17.0	15.7	14.9	12.9	11.6	12.0	11.7	11.0	10.2	9.7	12.0	18.6	6.6	12.0
17.8	18.1	18.7	18.5	18.2	17.2	15.0	13.7	12.8	12.4	12.1	11.8	13.3	19.0	6.8	12.2
18.8	19.3	20.0	19.9	19.5	18.4	16.6	15.0	14.0	12.9	12.9	13.3	15.0	20.1	11.0	9.1
19.6	20.1	20.3	20.1	20.0	19.3	17.9	15.6	14.0	13.1	12.3	11.3	15.6	20.6	11.0	9.6
23.0	23.5	24.2	24.6	24.0	23.5	21.5	18.5	16.9	15.3	14.1	13.9	16.8	24.9	8.6	16.3
26.0	26.4	26.5	26.3	26.2	24.2	20.6	18.1	16.2	15.1	15.5	14.1	18.4	26.6	10.0	16.6
26.0	24.5	23.9	23.9	—	—	—	—	—	—	—	—	—	—	—	—
14	14	14	14	13	14	14	14	14	14	14	14				
21.2	21.7	21.8	21.5	20.8	19.9	17.9	16.6	15.5	24.8	14.4	13.9	**16.7**	21.8	11.9	9.9

Absolute Feuchtigkeit. Tab. III.

1p	2p	3p	4p	5p	6p	7p	8p	9p	10p	11p	Mn	Mittel	Max.	Min.	Diff.
—	—	—	—	—	4.2	11.8	12.2	12.8	13.0	13.3	12.5	11.40	13.3	4.2	9.1
10.3	9.7	9.7	9.7	9.8	9.7	10.1	10.4	10.8	10.9	10.8	10.5	10.80	12.3	9.7	2.6
7.1	7.1	6.7	6.7	5.9	6.1	6.4	6.6	6.6	6.7	6.7	6.7	8.68	11.8	6.1	5.7
10.0	8.8	7.7	7.8	7.2	7.5	8.5	9.2	8.7	10.8	10.6	11.0	8.91	11.6	6.9	4.7
7.0	6.9	6.6	6.7	6.2	8.3	9.5	·9.6	10.1	10.1	10.4	10.0	9.43	11.4	6.2	5.2
7.6	7.3	6.8	6.6	6.1	5.9	9.4	10.0	9.8	10.0	9.7	9.7	8.85	10.0	5.9	4.1
5.7	5.1	5.2	5.6	5.9	7.1	8.1	9.2	9.4	9.7	10.0	10.9	7.91	10.9	5.1	5.8
8.6	9.0	9.4	8.9	8.9	8.6	8.3	8.7	8.7	8.7	8.9	9.4	10.14	12.2	8.3	3.9
5.3	4.9	4.8	5.8	6.2	6.0	8.0	9.4	9.3	9.3	8.9	8.6	7.00	9.4	4.6	4.8
5.8	5.7	5.8	6.0	6.2	6.9	8.0	8.9	9.0	9.2	9.2	9.2	7.32	9.2	5.7	3.5
7.8	7.3	7.5	7.3	7.3	7.9	7.9	9.1	9.5	10.1	9.9	9.9	8.62	10.1	7.3	2.8
8.1	7.2	6.9	6.7	6.6	6.5	6.7	9.4	9.3	10.1	9.7	9.6	8.73	10.2	6.5	3.7
3.6	3.4	3.6	3.9	4.2	4.3	7.1	7.8	8.2	8.4	8.6	9.0	6.17	9.4	2.9	6.5
5.5	5.4	4.4	4.1	3.8	3.8	4.5	4.9	5.8	6.8	7.0	7.1	6.66	9.2	3.8	5.4
5.5	6.2	6.4	7.3	—	—	—	—	—	—	—	—	7.29	8.7	5.5	3.2
14	14	14	14	13	14	14	14	14	14	14	14				
6.99	6.71	6.54	6.65	6.48	6.63	8.16	8.96	9.21	9.56	9.55	9.58	**8.41**	9.58	6.48	3.10

Relative Feuchtigkeit. Tab. IV.

1p	2p	3p	4p	5p	6p	7p	8p	9p	10p	11p	Mn	Mittel
30	22	14	12	11	12	50	62	73	84	86	85	—
33	29	23	20	20	19	64	75	82	84	88	86	62.4
50	49	50	53	55	62	70	75	80	82	83	83	72.1
33	32	31	31	27	29	32	36	38	39	43	43	55.7
53	43	39	40	39	42	51	56	65	76	77	81	57.0
40	38	37	36	34	53	70	78	87	89	91	90	69.0
41	38	35	34	31	32	65	75	82	86	87	92	68.0
27	23	23	26	28	36	44	53	56	59	62	71	56.2
50	55	55	56	61	60	65	75	81	86	91	96	74.2
43	33	33	44	49	54	79	90	91	95	96	95	70.8
38	37	36	38	40	47	63	76	82	86	87	89	68.1
48	44	43	42	43	50	56	72	80	91	89	87	70.5
48	41	39	38	38	39	44	71	78	90	91	95	69.4
17	16	16	17	19	20	37	49	57	65	72	76	51.2
22	21	17	16	15	17	25	32	42	53	53	59	48.8
22	27	29	33	—	—	—	—	—	—	—	—	—
16	16	16	16	15	15	15	15	15	15	15	15	
37.1	34.2	32.5	33.5	34.0	38.1	54.3	65.0	71.6	77.5	79.7	81.8	**62.8**

geweht wurden.   Dieser Gefahr wurde . bei Aufstellung des Heißluftmotors tunlichst vorgebeugt, indem man den Heißluftmotor soweit wie möglich von der Hütte aufstellte und auch noch einen besonderen Schutz anbrachte, der das Herantreiben der heißen Luftteilchen an jene verhüten oder doch wenigstens verringern sollte.

Aus allen diesen Gründen wurde der Betrieb des Aspirations-Thermographen nur für den Tag der Finsternis in Aussicht genommen, und nur einige Probe-Registrierungen fanden schon vorher statt.   Da zu denjenigen Tageszeiten, an welchen vor, während und nach der Finsternis Temperatur-Aufzeichnungen auch mit dem Aspirations-Thermographen vorgenommen werden sollten, auf der Station nach den bisherigen Erfahrungen fast beständig Nordwest-Wind wehte, so stellte man den Heißluftmotor auf der Südost-Seite der englischen Hütte auf.

Die stündlichen Angaben des Richardschen Thermographen finden sich in Tabelle II. Man entnimmt derselben, daß die mittlere Tagestemperatur vom 22. August bis 5. September 16⁰.7 C betrug.   Das Maximum wurde am 4. September mit 26⁰.6 registriert, das Minimum am 30. August mit 6⁰.6.   Die größte tägliche Schwankung fand sich am 4. September zu 16⁰.6.

Nach den Mittelwerten aus den vorhandenen 14 Beobachtungstagen ist auch die graphische Darstellung des täglichen Ganges der Temperatur auf S. 24 gegeben, die nur den bekannten Verlauf zeigt und etwas besonders Eigenartiges nicht erkennen läßt.   Die mittlere Tagesamplitude beträgt danach 9⁰.9.

c) Feuchtigkeit.

Die Registrierapparate für die relative Feuchtigkeit der Luft bestanden in zwei Haar-Hygrographen von Richard frères, von denen der eine mit schnellaufender Walze versehen war, d. h. mit einer solchen, die an einem Tage eine volle Umdrehung macht.   Die Dauer einer Stunde nimmt hierbei auf dem Registrierstreifen eine Länge von 11 mm ein.

Auch diese Apparate fanden ihre Aufstellung in der englischen Hütte; sie wurden, ebenso wie die Thermographen, dreimal täglich durch Ablesungen am Aßmannschen Aspirations-Psychrometer kontrolliert und danach eventuell neu justiert.

Aus den so registrierten Werten der relativen Feuchtigkeit wurden mit Hilfe der Temperatur-Registrierungen auch die stündlichen Werte der absoluten Feuchtigkeit berechnet, die sich in Tab. III finden.   Danach betrug die absolute Feuchtigkeit im Mittel 8.41 mm und wies ein Maximum von 13.3 mm und ein Minimum von 2.9 mm auf.   Die mittlere Tagesamplitude war 4.73 mm, erreichte also einen sehr beträchtlichen Wert.

Der tägliche Gang (S. 24) ist der für trockene, warme Gegenden charakteristische. Zur Zeit des Temperaturminimums findet sich ein flaches, sekundäres Minimum auch in der absoluten Feuchtigkeit.   Mit steigender Temperatur nimmt auch die absolute Feuchtigkeit zu, doch nur bis gegen 8 Uhr vormittags.   Dann beginnt letztere wieder abzunehmen und zwar in rascherem Maße, bis sie das Hauptminimum um 4 bis 5 Uhr nachmittags erreicht. Sehr scharf ausgeprägt ist der nunmehr zwischen 5 und 6 Uhr einsetzende starke Anstieg in der Kurve der absoluten Feuchtigkeit bis zur Erreichung des Hauptmaximums gegen 10 Uhr abends.

Die relative Feuchtigkeit (Tab. IV) hatte einen Mittelwert von 62.8 %. Das Maximum betrug 99 %, das Minimum 11 %.

Der tägliche Gang (S. 24) zeigt auch hier in bekannter Weise den fast genau entgegengesetzten Verlauf wie bei der Temperatur. Die mittlere Tagesschwankung erreicht einen Wert von 55.3 %, ist also eine sehr große. Auffallend ist auch in der relativen Feuchtigkeit die plötzliche und rapide Zunahme zur Zeit des Sonnenuntergangs.

d) Windrichtung und -Geschwindigkeit.

Die erforderlichen Apparate waren im oberen südwestlichen Zimmer, dem „Registrierraume" für meteorologische und luftelektrische Beobachtungen untergebracht (Fig. 14).

Zur Aufzeichnung der Windrichtung diente eine mechanisch registrierende Windfahne, deren Wirkungsweise man aus Fig. 15 leicht entnehmen kann.

Die Windfahne selbst ist eine sogenannte durchgehende, die im allgemeinen auf den Beobachtungsgebäuden selbst aufgestellt wird und bei welcher die mit der Vertikalachse der Fahne verbundene Stange in den Beobachtungsraum führt. Indem ich hinsichtlich ihrer Konstruktion auf die vom Königl. Preußischen Meteorologischen Institut herausgegebene „Anleitung zur Anstellung und Berechnung meteorologischer Beobachtungen", Teil I, S. 17 (Berlin 1904, A. Asher & Co.) verweise, möge hier nur so viel erwähnt werden, daß sich die vertikale Fahnenachse in der eisernen Röhre

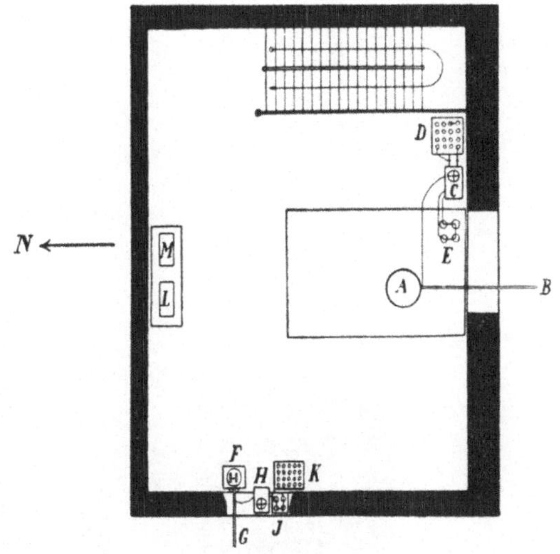

Fig. 14.

bewegt, die in Fig. 15 von der eigentlichen Windfahne senkrecht nach unten führt. Durch zwei kleine, in einander greifende Zahnräder werden die Bewegungen auf eine Messingröhre übertragen, die unbeweglich mit einer vertikal stehenden und mit Registrierpapier versehenen zylindrischen Walze verbunden ist (Fig. 15). Letztere hat eine Höhe von 38 cm, einen Durchmesser von 6 cm und steht in einem mit Glastür versehenen, verschließbaren Kasten. Das Registrierpapier ist mit einem Netz von 16 senkrechten und 25 wagerechten Linien versehen, von welchen die ersteren für die 16 Windrichtungen bestimmt sind, die letzteren die Intervalle für die 24 Tagesstunden abgeben. Seitlich dieser Registrierwalze bewegt sich ein Uhrwerk abwärts, an dem ein horizontaler, bis vor die Mitte der Walze reichender Arm mit Schreibstift befestigt ist. Indem die Walze vor dieser Schreibfeder durch die Drehungen der Windfahne vorbei bewegt wird, erhält man eine genaue Aufzeichnung der jeweiligen Windrichtung, sofern vorher eine Justierung der Windfahne erfolgt ist. Die Uhr des Apparats bewegt sich natürlich im Laufe von 24 Stunden die ganze Höhe der Walze herab, der Schreibstift wird also in dieser Zeit über die 24 Stundenintervalle hinweggeführt.

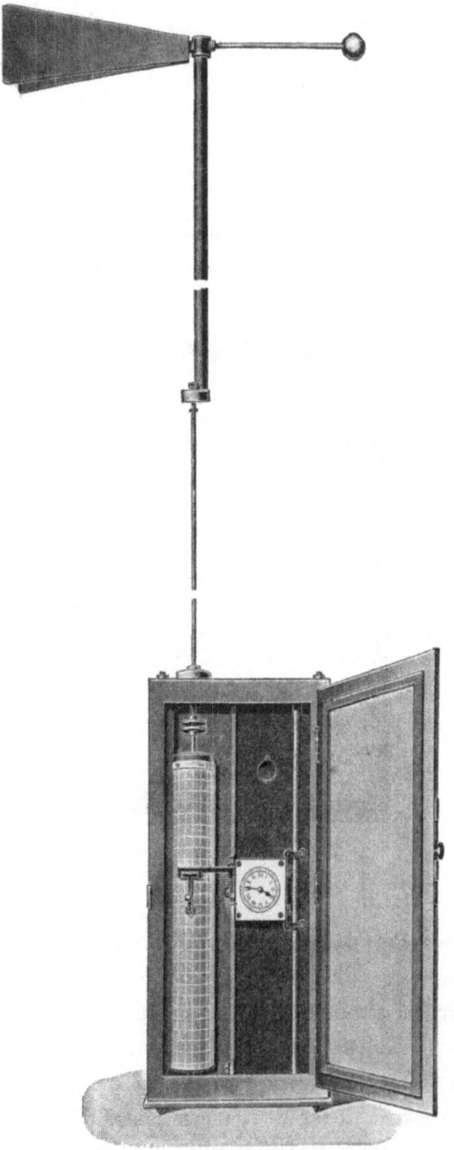

Fig. 15.

Die Windfahne fand ihren Platz auf dem Dache des turmartigen Anbaues der Station (Fig. 5) und überragte die höchste Stelle desselben noch um reichlich 1 Meter. Die Aufstellung bot sehr erhebliche Schwierigkeiten, da die eiserne Röhre der Fahne zuerst durch das Ziegeldach, dann aber auch noch durch einen Holz- und Zementboden hindurchgeführt werden mußte, bis eine Verbindung mit dem Registrierraum erreicht war, in welchem (L in Fig. 14) der eigentliche Registrierapparat stand. Nachdem aber die Durchführung des Eisenrohrs durch die Decken und die Befestigung in denselben glücklich bewerkstelligt war, ging die weitere Orientierung leicht und rasch vonstatten. Der Apparat funktionierte dann auch stets recht gut.

Etwa $1^1/_2$ m von der Windfahne entfernt befand sich auf demselben Dache das zur Registrierung der Windgeschwindigkeit dienende Schalenkreuz-Anemometer (Fig. 16) auf einer 2 m hohen Eisenstange. Das Schalenkreuz überragte die Windfahne noch um ungefähr $1/_2$ m, so daß eine erhebliche Störung des Anemometers durch die Fahne nicht zu befürchten war.

Zur Vorsicht war das Instrument noch mit einem besonderen Blitzschutz versehen, der aus drei das Anemometer einschließenden Eisenbügeln mit Auffangspitze bestand und dessen Einrichtung aus Fig. 16 deutlich zu erkennen ist. Von den untereinander in Verbindung stehenden Eisenteilen führte ein Metallkabel zur Erde und bildete so die Erdleitung.

Das hier gebrauchte Schalenkreuz-Anemometer war mit einem elektrischen Kontakt versehen, der nach je 100 m Windweg einen Stromkreis schloß. In diesem befand sich ein in Fig. 17 abgebildeter Chronograph. Die Uhrtrommel U drehte sich in einer Stunde einmal um, dabei wurde auch die Schreibfeder um etwa 4 mm heruntergeführt, so daß die Registrierung auf einer Schraubenlinie erfolgte. In 24 Stunden bewegte sich die Feder vor dem Registrierpapier von oben bis unten. Trat nun ein Kontakt im Anemometer ein, so wurde durch den erfolgenden Stromschluß ein Elektromagnet E in Tätigkeit gesetzt und die Schreibfeder machte einen kleinen Ausschlag nach unten. Eine zweite, in der Figur nicht eingezeichnete Schreibfeder, die man zum Unterschied von der eigentlichen Registrierfeder mit andersfarbiger Tinte füllte, zeichnete die Zeitmarken von Stunde zu Stunde auf.

Von dem Schalenkreuz wurde eine Doppeldrahtleitung durch das auf der West-Seite gelegene Fenster des Registrierraumes für die meteorologischen und luftelektrischen Beobachtungen in diesen geleitet und an den Chronographen geführt, der neben dem Registrierapparat für Windrichtung stand (M in Fig. 14).

Was nun zunächst die stündlichen Angaben der Windrichtung anbetrifft, so finden sich dieselben in Tab. V. Aus ihnen sind die in Tab. V ebenfalls gegebenen mittleren Windrichtungen berechnet, die der graphischen Darstellung auf S. 24 zugrunde liegen. Wenn diese Berechnung auch nur eine rohe ist, so genügt sie für den vorliegenden Zweck doch vollkommen. Man ersieht aus der graphischen Darstellung, daß die Windrichtung in den frühen Morgenstunden meistens eine östliche war, um dann gegen 8 Uhr vormittags über Süden nach Nordwesten umzulaufen und von den späteren Nachmittagsstunden an allmählich weiter über Norden nach Nordosten und Osten zu drehen.

Die stündlichen Werte für die Windstärke sind in Tab. VI gegeben. Danach betrug die mittlere Windstärke 3.6 m. p. s., das am 25. August gemessene Maximum 13.5 m. p. s. Bildet man die Mittelwerte, so erhält man Aufschluß über den täglichen Gang der Windstärke, der auf S. 24 auch graphisch wiedergegeben ist. Es zeigt sich auch hier die bekannte Erscheinung, daß die Windstärke in der Nacht am schwächsten ist, von morgens 5 bis 6 Uhr ab zunimmt, bis sie ihr Maximum ungefähr zur Zeit des Temperatur-Maximums erreicht und nunmehr wieder langsam nachläßt.

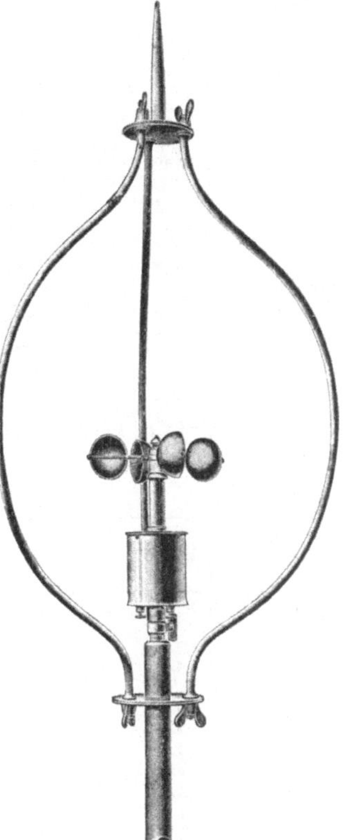

Fig. 16.

Fig. 17

Tab. V.   Windrichtung.

Datum		1^a	2^a	3^a	4^a	5^a	6^a	7^a	8^a	9^a	10^a	11^a	Mg
August	25	SSW	SSW	SSW	SW	SW	SSW	S	S	SW	SW	WSW	WSW
	26	WSW	WSW	WSW	SW	SSW	SW	WSW	W	W	WSW	SW	WSW
	27	NE	NE	ENE	NE	ENE	NE	ENE	NE	NE	NE	ENE	ENE
	28	ENE	E	E	E	SW	W	SW	SW	WSW	W	W	W
	29	W	W	WSW	WSW	WSW	WSW	WSW	W	WNW	WNW	NNE	NNE
	30	ENE	ENE	ESE	ESE	ESE	ESE	SSW	SW	W	W	W	W
	31	ENE	ENE	ENE	E	E	E	E	NE	NE	NNE	N	NE
September	1	NE	NE	ENE	ENE	ENE	ENE	ENE	ENE	E	ENE	ENE	E
	2	ENE	ENE	ENE	ENE	NE	NE	NE	NE	NE	NE	NE	NE
	3	ENE	ENE	ENE	ENE	E	E	ENE	E	NE	N	N	NNE
	4	E	E	E	E	E	E	E	E	WNW	W	W	W
	5	E	E	E	E	E	E	E	E	SW	NW	SE	SSW

Mittlere Windrichtung,

N 60°E	N 68°E	N 90°E	N 90°E	S 71°E	N 90°E	S 72°E	N 80°E	N 48°W	N 30°W	N 42°W	N 54°W

Tab. VI.   Windgeschwindigkeit (m. p. s.)

Datum		Mn-1^a	1-2^a	2-3^a	3-4^a	4-5^a	5-6^a	6-7^a	7-8^a	8-9^a	9-10^a	10-11^a	11^a-Mg
August	22	—	—	—	—	—	—	—	—	3.5	3.3	2.7	2.9
	23	3.8	4.0	4.5	4.4	3.8	4.3	3.9	4.6	4.7	4.3	4.6	4.9
	24	3.3	2.6	2.3	2.4	1.7	1.9	2.4	2.2	1.8	1.1	2.8	5.7
	25	1)	1)	1)	1)	1)	1)	1)	1)	5.2	2.4	7.5	10.6
	26	5.7	5.4	5.4	4.6	3.9	3.6	4.5	4.7	4.2	3.5	3.2	4.7
	27	3.4	2.8	3.4	2.8	2.5	2.0	2.8	3.1	2.9	3.2	3.1	2.8
	28	0.9	0.4	0.4	0.1	0.5	1.3	1.5	4.4	—	7.5	8.6	8.8
	29	8.7	8.9	8.9	8.8	8.8	9.1	10.0	8.4	7.9	7.9	4.6	3.0
	30	0.7	0.4	0.7	0.6	0.5	0.8	0.9	3.7	3.8	4.4	4.2	3.1
	31	1.0	1.0	0.6	0.9	0.3	0.1	1.0	1.2	0.8	1.7	1.8	2.1
September	1	3.1	2.7	2.7	2.6	5.1	2.7	2.9	3.4	3.4	3.9	4.0	2.9
	2	2.1	1.9	1.9	2.2	1.9	1.8	2.4	3.6	3.6	2.8	3.0	3.6
	3	1.4	0.3	0.7	1.2	1.4	1.8	1.4	0.9	1.2	2.0	2.4	2.2
	4	1.8	1.8	1.1	0.7	0.7	0.1	0.3	0.7	1.1	2.6	2.3	2.7
	5	0.1	0.2	0.2	0.5	0.3	0.3	0.6	0.3	0.7	1.3	1.4	5.8
Zahl der Tage		13	13	13	13	13	13	13	13	14	15	15	15
Mittel		2.8	2.5	2.5	2.4	2.4	2.3	2.7	3.2	3.2	3.5	3.8	4.4

1) Schreibfeder hatte versagt.

Tab. VII.   Sonnenscheindauer.

Datum		Mn-1^a	1-2^a	2-3^a	3-4^a	4-5^a	5-6^a	6-7^a	7-8^a	8-9^a	9-10^a	10-11^a	11^a-Mg
August	24	—	—	—	—	—	0.3	0.7	1.0	1.0	1.0	1.0	1.0
	25	—	—	—	—	—	0.2	0.6	1.0	0.1	0.4	0.9	1.0
	26	—	—	—	—	—	—	0.1	0.3	0.8	0.8	0.8	1.0
	27	—	—	—	—	—	0.2	1.0	1.0	1.0	1.0	1.0	1.0
	28	—	—	—	—	—	—	0.9	0.7	1.0	1.0	1.0	1.0
	29	—	—	—	—	—	—	—	—	0.3	0.8	0.2	0.7
	30	—	—	—	—	—	—	0.8	1.0	1.0	1.0	0.1	0.9
	31	—	—	—	—	—	—	0.6	1.0	1.0	1.0	1.0	1.0
September	1	—	—	—	—	—	—	—	—	0.4	0.8	1.0	1.0
	2	—	—	—	—	—	—	—	0.3	1.0	1.0	1.0	1.0
	3	—	—	—	—	—	—	0.8	1.0	1.0	1.0	1.0	1.0
	4	—	—	—	—	—	0.1	1.0	1.0	1.0	1.0	1.0	1.0
Summe		—	—	—	—	—	0.8	6.5	8.3	9.6	10.8	10.0	11.6
Beob. Tage . .							12	12	12	12	12	12	12

Windrichtung. Tab. V.

1[p]	2[p]	3[p]	4[p]	5[p]	6[p]	7[p]	8[p]	9[p]	10[p]	11[p]	Mn
WSW	W	W	W	W	W	W	W	W	W	W	W
WSW	W	WSW	WSW	SW	NE	NE	NE	NE	NE	NE	NE
FNE	NE	NNE	NNE	NE	NE	NE	ENE	ENE	NE	NE	ENE
W	W	W	W	W	W	W	WNW	WNW	WNW	W	W
WNW	NNE	N	NNE	NNE	NNE	NNE	NE	NE	ENE	E	E
ENE	WNW	NNW	NNE	NNE	NNE	NNE	ENE	ENE	ENE	ENE	ENE
NNE	NNE	NNE	NNE	NNE	NNE	NNE	NNE	NNE	NNE	NE	NE
ENE	ENE	ENE	NE	NE	NE	NE	ENE	ENE	NE	NE	NE
NE	NNE	NNE	NNE	NNE	NE	NE	NE	ENE	ENE	ENE	NE
NNE	NW	N	NNE	NNE	NE	NE	ENE	ENE	ENE	ENE	E
W	W	W	WNW	W	W	W	W	SW	SW	E	E
SW	SW	SW	S	—	—	—	—	—	—	—	—

berechnet aus den Häufigkeitszahlen.

N 34° W	N 56° W	N 35° W	N 1° E	N 8° W	N 11° E	N 11° E	N 30° E	N 45° E	N 37° E	N 52° E	N 45° E

Windgeschwindigkeit (m. p. s.). Tab. VI.

Mg-1[p]	1-2[p]	2-3[p]	3-4[p]	4-5[p]	5-6[p]	6-7[p]	7-8[p]	8-9[p]	9-10[p]	10-11[p]	11[p]-Mn	Mittel
1.6	2.2	3.6	3.6	3.5	3.9	5.5	3.6	3.1	3.7	3.8	3.7	—
5.1	5.2	4.6	4.9	4.9	5.4	5.2	4.8	4.0	3.8	3.8	3.9	4.5
6.1	6.3	5.8	6.0	6.5	5.8	4.8	2.5	1)	1)	1)	1)	2.7
10.2	11.2	13.5	12.0	11.0	9.8	9.2	9.0	8.1	8.2	6.8	7.8	8.9
4.9	4.7	4.9	5.4	4.3	3.6	3.5	2.6	2.9	3.6	3.7	4.0	4.2
2.3	1.8	1.9	2.1	1.6	2.6	3.9	3.5	2.8	2.2	2.0	1.5	2.6
10.0	9.4	10.4	9.1	8.8	8.1	6.8	7.5	9.8	9.4	9.2	9.2	6.2
2.6	4.2	3.1	4.1	4.4	3.6	3.6	2.4	2.2	1.7	1.8	0.9	5.4
2.2	1.7	4.5	4.8	3.8	4.0	3.9	2.1	1.6	1.3	1.0	0.9	2.3
2.9	3.0	3.6	4.2	4.4	5.2	5.1	4.7	3.7	3.2	2.8	3.3	2.4
3.0	3.1	3.5	3.9	3.9	4.0	3.2	2.6	2.2	1.6	1.4	2.2	3.1
3.9	3.9	3.5	3.3	3.4	3.2	3.2	3.2	3.5	2.7	2.5	1.8	2.8
1.7	2.0	2.1	2.8	3.6	2.9	2.4	2.4	2.4	1.4	2.2	2.0	1.9
3.4	4.6	5.2	4.3	2.7	2.6	0.6	0.4	0.4	0.3	1.1	0.1	1.7
7.5	9.3	8.0	10.0	7.1	6.8	6.4	4.0	3.2	3.8	3.8	4.2	3.6
15	15	15	15	15	15	15	15	14	14	14	14	
4.5	4.8	5.2	5.4	4.9	4.8	4.5	3.7	3.6	3.4	3.3	3.3	**3.6**

1) Schreibfeder hatte versagt.

Sonnenscheindauer. Tab. VII.

Mg-1[p]	1-2[p]	2-3[p]	3-4[p]	4-5[p]	5-6[p]	6-7[p]	7-8[p]	8-9[p]	9-10[p]	10-11[p]	11[p]-Mn	Tages-summe
0.7	0.3	0.1	0.2	0.8	0.6	0.3	—	—	—	—	—	9.0
0.8	0.9	1.0	1.0	0.9	0.7	0.1	—	—	—	—	—	9.6
1.0	1.0	1.0	1.0	1.0	0.6	0.2	—	—	—	—	—	9.6
1.0	1.0	1.0	1.0	1.0	1.0	0.1	—	—	—	—	—	12.3
0.9	1.0	0.9	0.5	0.2	0.3	0.3	—	—	—	—	—	9.7
0.3	0.4	0.7	—	0.4	0.8	0.2	—	—	—	—	—	4.8
0.4	0.7	0.7	0.9	0.7	—	—	—	—	—	—	—	8.2
0.9	1.0	1.0	1.0	1.0	1.0	0.3	—	—	—	—	—	11.8
0.8	0.9	1.0	0.8	1.0	1.0	0.3	—	—	—	—	—	9.0
1.0	1.0	1.0	1.0	1.0	1.0	0.2	—	—	—	—	—	10.5
1.0	1.0	1.0	1.0	1.0	1.0	0.2	—	—	—	—	—	12.0
1.0	1.0	1.0	1.0	1.0	0.7	—	—	—	—	—	—	11.8
9.8	10.2	10.4	9.4	10.0	8.7	2.2	—	—	—	—	—	118.3
12	12	12	12	12	12	12						
0.82	0.84	0.84	0.78	0.83	0.73	0.18	—	—	—	—	—	

e) Sonnenscheindauer.

Zur Aufzeichnung des Sonnenscheins war ein Sonnenschein-Autograph nach Campbell-Stokes mitgenommen worden, der eine sehr passende Aufstellung auf der Ecke eines $2^1/_2$ m hohen Mauervorsprunges in der Nordwest-Ecke des Gartens fand (Fig. 9). Hier konnten ihn die Sonnenstrahlen den ganzen Tag über völlig unbehindert treffen.

Über die erhaltenen Werte sowie über den täglichen Gang gibt Tab. VII und die graphische Darstellung (Fig. 12) hinreichend Aufschluß. Wie man sieht, war die Zeit vom 24. August bis zum 4. September, während welcher Beobachtungen stattfanden, durchaus nicht arm an Sonnenschein.

f) Registrierung des luftelektrischen Potentialgefälles.

Die für die Registrierung des Potentialgefälles erforderlichen Instrumente konnten, wie bereits erwähnt, in ganz zweckentsprechender Weise im oberen südwestlichen Zimmer des kleinen Turmes der Station untergebracht werden. Sie bestanden aus Wasserkollektor und Registrierapparat nebst zugehörigen Ladebatterien, ihre Anordnung ist aus der schematischen Aufzeichnung in Fig. 14 zu entnehmen.

Als Kollektor diente ein zylindrisches Blechgefäß A von 20 cm Höhe und 40 cm Durchmesser, das also fast 40 Liter Wasser faßte. Das an den Wasserkollektor angeschraubte Ausfluß-rohr B führte durch eine Öffnung im Fenster der Südwand ins Freie, die Abtropfstelle (s. auch Fig. 5) befand sich dabei 1 m von der Wand entfernt und 5 m über dem Erdboden. Das ganze Fenster auf der Südseite (und ebenso auch, soweit erforderlich, dasjenige der Westseite) war sorgfältig mit Papier verklebt, damit keine Sonnenstrahlen auf die im Zimmer aufgestellten Quadranten-Elektrometer fallen konnten. Denn hierdurch wird leicht, wie in Potsdam mehrfach bemerkt wurde, eine ganz erhebliche Störung in der Aufzeichnung der Elektrometer hervorgerufen.

Die Beschaffung des erforderlichen Wassers (ungefähr 40 Liter pro Tag) machte große Schwierigkeiten, da auf der Station selbst kein Wasser vorhanden war. Dasselbe mußte vielmehr von einer etwa 5 Minuten von der Station entfernten Wasserstelle des sonst fast ganz ausgetrockneten Arlanzón-Flusses herbeigeholt werden, zu welcher Arbeit sich glücklicherweise einige Hausbewohner bereit fanden. Da das Wasser sich aber nicht durch sehr große Reinheit auszeichnete, so mußte in den Wasserkollektor über der zum Rohre führenden Öffnung noch ein Filter aus Musselin eingesetzt werden, damit in dem Ausflußrohr nicht fortwährend eine Verstopfung eintrat.

Der Wasserkollektor war nun mit dem Registrierapparat C verbunden, einem mechanisch registrierenden Quadranten-Elektrometer nach Benndorf, das auf einer dazugehörigen, an der Südwand des Zimmers befestigten eisernen Konsole stand. Da dieses Instrument sich als außerordentlich brauchbar zur Aufzeichnung der luftelektrischen Phänomene erwiesen hat, so soll hier an der Hand einer Abbildung (Fig. 18) wenigstens eine kurze Beschreibung gegeben werden. Hinsichtlich seiner Theorie und aller Einzelheiten in der Konstruktion dagegen sei auf die Mitteilungen verwiesen, die der Erfinder des Instruments selbst an mehreren Orten gegeben hat[1]).

An einer aus feinen und ausgeglühten Platindrähten von etwa 0.05 mm Dicke und 25 cm Länge bestehenden Bifilar-Aufhängung schwebt die aus dünnem Aluminiumblech gefertigte Lemniskate. Der durch diese hindurchgehende Stiel a trägt unten ein viereckiges Platinblech, das in ein Gefäß mit reiner, konzentrierter Schwefelsäure taucht. Letztere hat einen dreifachen Zweck: Einmal bewirkt sie eine starke Dämpfung des schwingenden Systems, sodann vermittelt sie die Zuleitung zur Nadel und endlich sorgt sie für ein Austrocknen des durch Blechwände geschlossenen Innern des Elektrometers. Oben ist ein etwa 20 cm langer Aluminium-Zeiger c mit dem Nadelstiel verbunden, von ihm jedoch durch ein zwischengeschaltetes Bernsteinstäbchen d gut isoliert. Dieser Aluminiumzeiger macht alle Schwankungen der Elektrometer-Nadel mit und bewegt sich in dem Anbau e über einem 12 cm breiten Papierstreifen f, welcher von einer Vorratsrolle g durch ein Uhrwerk abgewickelt wird. Durch einen unter dem Deckel h befindlichen Elektromagneten wird nun von Minute zu Minute ein Hebelwerk auf den Zeiger gedrückt. Da quer über den Registrierstreifen ein 1 cm breites Blauband gelegt ist, so ruft jedes Hinabdrücken des Nadel-

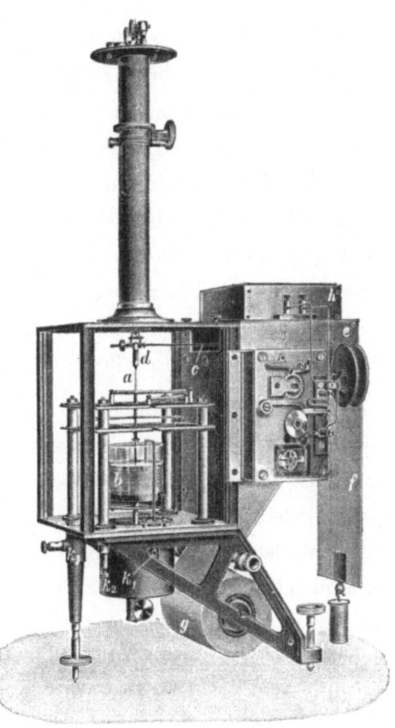

Fig. 18.

zeigers ein blaues Pünktchen hervor, das die jeweilige Stellung der Nadel angibt. Ein zweiter, ebenfalls unter h befindlicher Elektromagnet zieht zu jeder vollen Stunde ein anderes Hebelwerk herunter und zeichnet die Stundenmarken auf.

Da es von großer Bedeutung war, für die Registrierung während der Finsternis möglichst genau die Zeit bestimmen zu können, so wurde an den beiden Elektrometern, sowohl dem für das Potentialgefälle bestimmten wie auch an demjenigen für die Registrierung der Zerstreuung, eine Abänderung am Uhrwerk angebracht, die eine zweifache Geschwindigkeit in der Fortbewegung des Registrierpapiers ermöglichte. Während die Dauer einer Stunde für gewöhnlich einer Länge von 5 cm auf dem Registrierstreifen entsprach, konnte es jetzt durch einfache Umschaltung am Uhrwerk dahin gebracht werden, daß das Zeitintervall einer Stunde eine Strecke auf dem Papier von 10 cm einnahm. Zwischen 2 Kontakten, die in Zwischenräumen von Minute zu Minute erfolgten, bewegte sich also das Papier um reichlich $1^1/_2$ mm vorwärts. Es war übrigens nicht bloß ein Minuten-Kontakt vorgesehen worden, sondern man war auch in der Lage, jede halbe Minute die Registrierung aufzeichnen zu lassen. Da sich aber zeigte, daß sich das Nadel-

---

[1]) H. Benndorf, Über ein mechanisch registrierendes Elektrometer für luftelektrische Messungen. Sitzungsber. der Wiener Ak., Abt. IIa, Bd. CXI, S. 487 ff., 1902 und Phys. Ztschr. 7, S. 98—101, 1906.

system in einer halben Minute nicht immer mit Sicherheit wieder beruhigte und neu einstellte, so zog man doch vor, es bei der gewohnten Registrierung von Minute zu Minute zu belassen. Zum Betriebe der Elektromagneten dienten 3—4 Leclanché-Elemente. Sämtliche Isolationsstellen im und am Instrument sind aus gut poliertem, natürlichem Bernstein hergestellt und haben sich aufs Beste bewährt.

Die Registrierungen erfolgten ohne Ausnahme bei Nadelschaltung. Zur Ladung der Quadranten des Elektrometers wurden anfangs, vom 19. bis 28. August, 200 Bittersalz-Elemente verwandt. Die Empfindlichkeit war dabei 1 mm = 4.46 V. Da es sich aber als wünschenswert erwies, zeitweise mit einer etwas größeren Empfindlichkeit registrieren zu lassen, so wurde am 28. August ein an Ort und Stelle improvisierter Umschalter zu Hilfe genommen, der es gestattete, nach Belieben 200 oder 300 Bittersalz-Elemente an die Quadranten zu führen und damit die Empfindlichkeit auf 1 mm = 4.46 bezw. 2.97 V zu bringen. Fig. 19 gibt eine schematische Darstellung dieses Umschalters.

In einem Paraffinblock von etwa 15 cm Länge, 12 cm Breite und 4 cm Dicke wurden mit einem Messer 6 Löcher ausgehöhlt, in welche man Fingerhüte einsetzte und durch Erhitzen mit einer Flamme gut einschmolz. In die Fingerhüte goß man Quecksilber, und in dieses hinein leitete man die zu den Verbindungen erforderlichen Kupferdrähte. Die Verbindungen zwischen den Quecksilbernäpfen II—I, II—III und andererseits 2—1, 2—3 konnten durch

passend gebogene Kupferbügel hergestellt werden. Wurde nun z. B. der Bügel II—I eingelegt, so war die ganze Ladebatterie (in Burgos 300 Bittersalz-Elemente, in der Figur alle 12 Elemente) an das Elektrometer geführt, und zwar derart, daß der eine Pol (in Fig. 19 der +Pol) direkt, der andere (— Pol) aber zunächst nach dem Quecksilbernapf I, von hier durch den Bügel nach II und dann ebenfalls an das Elektrometer geleitet wurde. Gleichzeitig war die Mitte der Ladebatterie (in Burgos zwischen Element 150 und 151, in Fig. 19 die Stelle zwischen Element 6 und 7) zur Erde abgeleitet, über 1—2. Wollte man aber statt der ganzen Bat-

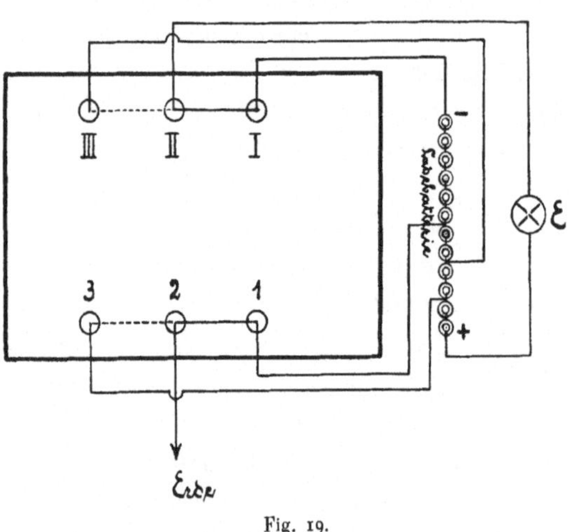

Fig. 19.

terie nur einen Teil verwenden (in Burgos 200, in Fig. 19 nur 4 Elemente), so leitete man von dem entsprechenden Ort aus einen zweiten Draht in den Quecksilbernapf III, von wo es dann bei Umlegen des Bügels auf II—III über II wieder zum Elektrometer führt. Dabei mußte man auch die Ableitung zur Erde wechseln, indem man den Bügel 2—1 umlegte in 2—3 und damit die Mitte der jetzt in Anwendung gekommenen (200 bezw. 4) Elemente erdete. Um von der einen zur andern Empfindlichkeit überzugehen, brauchte man also nur die beiden Bügel von II—I auf II—III und von 2—1 auf 2—3 oder umgekehrt zu legen.

(Hierbei mag erwähnt werden, daß ich einen solchen Empfindlichkeits-Umschalter auch für automatischen Betrieb eingerichtet habe, der seit mehreren Jahren im Meteorologischen Observatorium zu Potsdam zur Anwendung kommt. Näheres darüber siehe „Ergebnisse der Meteorol. Beobachtungen in Potsdam im Jahre 1904", woselbst auch Seite IX eine Abbildung nach einer Photographie gegeben ist).

Die Auswertung der Kurven erfolgte nicht in der gewöhnlichen Weise, indem man einfach die Ordinaten der vollen Stunde ablas, sondern indem man, einem anderwärts von Herrn Ad. Schmidt[1]) gemachten Vorschlage folgend, Mittelwerte für die einzelnen Stunden-Intervalle bestimmte. Um aus diesen die absoluten Werte für das Potentialgefälle zu erhalten, mußte nur noch der Reduktionsfaktor der registrierten Werte auf ebenes Feld bestimmt werden.

Zu diesem Zweck wurden am 4. September, einem völlig wolkenlosen, ruhigen Tage, zahlreiche Vergleichsmessungen des Potentialgefälles mit dem transportablen Exnerschen[2]) Instrumentarium angestellt, und zwar an einem im ebenen Gelände befindlichen Platze, der etwa 150 m südwestlich der Station lag, nahe dem Arlanzón. Im Mittel ergab sich ein Reduktionsfaktor von 2.24, d. h., die am Turm registrierten Werte mußten mit 2.24 multipliziert werden, um in absolute Werte übergeführt zu werden. Letztere finden sich in Tab. VIII zusammengestellt. Nach den Registrierungen an 15 Tagen betrug danach das Potentialgefälle im Mittel 73.1 V/m, ein Wert, der als ein ziemlich niedriger zu bezeichnen ist, der aber den bisher auf dem Festlande beobachteten Werten in den Sommermonaten ganz gut entspricht.

Zur graphischen Darstellung des täglichen Ganges des Potentialgefälles, der in Fig. 12 wiedergegeben ist, wurden die stündlichen Mittelwerte vorher noch einer einfachen Ausgleichung nach der Formel $\frac{a + 2b + c}{4}$ unterworfen. Nach den Abweichungen vom Tagesmittel ist dann die tägliche Periode gezeichnet, die mindestens eine doppelte Welle deutlich erkennen läßt. Das sehr ausgeprägte Haupt-Minimum fällt auch hier, wie überall, auf die Morgenzeit von 4 bis 5 Uhr, das Haupt-Maximum auf 8 bis 9 Uhr abends. Ein sekundäres Minimum tritt bald nach Mittag ein, ein sekundäres Maximum zwischen 9 und 10 Uhr morgens. Der tägliche Gang entspricht somit ganz demjenigen, den man für diese Gegend erwarten konnte, und er ähnelt z. B. demjenigen von Paris[3]) in hohem Maße. Die Amplitude ist nur eine ziemlich geringe, sie beträgt 35 V/m, d. h. fast 50 % des absoluten Wertes.

Ich habe in letzter Zeit mehrfach Gelegenheit genommen, auf die Beziehungen hinzuweisen, die zwischen dem Gange des Potentialgefälles und demjenigen der Luftdruck-Änderung (der Geschwindigkeit des Anstiegs bezw. des Fallens des Luftdrucks) zu bestehen scheinen[4]). Da lag es nahe, auch den Gang des Potentialgefälles in Burgos daraufhin zu untersuchen.

---

[1]) Ad. Schmidt, Ein Planimeter zur Bestimmung der mittleren Ordinate beliebiger Ausschnitte von registrierten Kurven. Ztschr. für Instrumentenkunde 1905, S. 263.

[2]) F. Exner, Über transportable Apparate zur Beobachtung der atmosphär. Elektrizität. Sitzungsber. der Wiener Akad., Bd. XCV, Mai 1887.

[3]) Chauveau, Étude de la variation diurne de l'électricité atmosphérique. Second mémoire, p. 73 und Pl. XII. Paris 1902.

[4]) G. Lüdeling, Über eine Vorrichtung zur Registrierung der luftelektrischen Zerstreuung. Phys. Ztschr. 5, S. 450, 1904; Derselbe, Über die Registrierungen des luftelektrischen Potentialgefälles in Potsdam im Jahre 1904. Met. Ztschr. 1906, S. 121.

Die beiden täglichen Gänge sind in Fig. 12 übereinander aufgetragen, die ausgezogene Kurve gibt das Potentialgefälle an, die punktierte die Luftdruck-Änderung. Meines Erachtens zeigen die Kurven sehr deutlich, daß auch hier in Burgos, also in ganz anderer Gegend als dort, wo ich diese Beziehungen bisher untersucht hatte, die Verhältnisse ganz ähnliche sind wie z. B. in Potsdam in den Sommer-Monaten. Die Kurve des Potentialgefälles schmiegt sich in derselben Weise, mit fast derselben Phasenverschiebung (einer Verspätung von ungefähr 3 Stunden) an diejenige der Luftdruck-Änderung an, wie in Potsdam. Nach meiner Ansicht ist hier eine weitere Bestätigung der Richtigkeit der Ebertschen Auffassung[1]) gegeben, daß das Austreten der ionenhaltigen Bodenluft eine größere Rolle bei den luftelektrischen Erscheinungen spielt.

Tab. VIII.   Luftelektrisches Potentialgefälle
in Volt pro Meter (V/m).

Datum		Mn-1^a	1-2^a	2-3^a	3-4^a	4-5^a	5-6^a	6-7^a	7-8^a	8-9^n	9-10^a	10-11^a	11^n-Mg
August	19	—	—	—	—	—	—	—	—	—	100	106	—
	20	78	78	68	52	52	46	54	84	82	86	88	86
	21	80	78	70	62	64	66	78	72	70	74	64	66
	22	72	60	60	62	64	60	64	66	72	72	66	64
	23	60	58	54	50	48	56	78	64	60	72	62	62
	24	74	60	62	62	56	72	80	82	86	80	92	74
	25	60	54	56	64	64	62	74	102	1)	1)	66	62
	26	68	66	62	62	54	60	66	98	98	80	82	80
	27	78	66	62	64	68	66	82	86	82	84	96	80
	28	60	46	40	44	50	60	74	66	70	58	56	36
	29	67	69	57	48	57	54	54	49	54	50	26	44
	30	44	40	43	43	36	37	54	66	68	80	77	62
	31	62	65	49	43	40	45	70	104	93	81	82	80
September	1	70	64	56	51	40	49	40	43	61	64	70	68
	2	78	66	66	72	74	70	56	84	80	93	93	90
	3	84	64	51	52	59	62	66	82	80	65	64	66
	4	62	52	43	39	36	35	53	80	92	104	94	93
	5	41	40	40	32	27	29	52	61	57	66	77	53
Zahl der Tage		15	15	15	15	15	15	15	15	15	16	16	15
Mittel		67.2	62.1	56.0	53.0	52.6	55.3	64.5	74.7	75.8	76.8	76.1	69.5
Ausgeglichene Mittel . . .		68.8	61.8	56.8	53.6	53.4	56.9	64.8	72.4	75.8	76.4	74.6	71.7

1) Zeiger klebte fest.

g) Registrierung der luftelektrischen Zerstreuung.

Die Registrierung der Zerstreuung sollte nach der Methode erfolgen, die ich bereits im Jahre 1904 beschrieben habe[2]) und die seit jener Zeit im Meteorologischen Observatorium zu Potsdam angewandt wird. Nur gedachte ich hier statt der Anordnung von Elster und Geitel diejenige von Ebert zu benutzen, bei welcher die auf den Gehalt an Ionen zu untersuchende Luft durch einen Aspirator an dem Zerstreuungskörper vorbeigesaugt wird. Da man die Fördermenge des Aspirators leicht bestimmen kann, weiß man also, wieviel Luft in einer bestimmten

<hr>

[1]) H. Ebert, Über die Ursache des normalen Potentialgefälles und der negativen Erdladung. Met. Ztschr. 1904, S. 204 ff.

[2]) G. Lüdeling, Über eine Vorrichtung zur Registrierung der luftelektrischen Zerstreuung. Phys. Ztschr. 5, S. 450 ff., 1904.

Beobachtungszeit am Zerstreuungskörper vorbeigeführt wird und ihre Ionen der einen oder anderen Art abgibt. Damit ist dann, genau wie beim Ebertschen Ionen-Aspirationsapparat, im Prinzip die Möglichkeit gegeben, absolute Werte für den Gehalt der atmosphärischen Luft an Ionenladung (in elektrostatischen Einheiten) zu erhalten. Hieraus läßt sich aber ohne weiteres auch die Zahl der Ionen berechnen, indem man mit J. J. Thomson annimmt, daß die Ladung eines Ions 3.4×10^{-10} elektrostatische Einheiten beträgt, daß also auf 1 elektrostatische Einheit rund 3×10^9 Ionen kommen.

Genauer genommen handelte es sich hier also um eine Registrierung der Ionenzahl. Im voraus soll nun aber bemerkt werden, daß diese Registrierung in ihren Einzelheiten vor

Luftelektrisches Potentialgefälle   Tab. VIII.
in Volt pro Meter ($V_{/m}$).

Mg-1^p	1-2^p	2-3^p	3-4^p	4-5^p	5-6^p	6-7^p	7-8^p	8-9^p	9-10^p	10-11^p	11^p-Mn	Mittel
—	—	76	78	80	82	74	86	106	126	108	92	—
82	94	86	80	80	100	122	120	100	100	96	98	84
62	68	60	64	72	86	72	86	100	104	100	96	75
64	80	78	74	80	66	54	74	98	76	74	60	69
68	66	74	84	94	96	114	102	100	76	64	58	72
76	74	86	94	80	80	76	66	72	80	82	76	76
60	-60	-120	20	46	64	82	84	114	100	96	78	—
88	88	90	80	74	70	74	86	86	84	86	96	78
76	84	84	86	86	78	84	90	98	100	100	82	82
35	35	29	68	76	64	57	65	36	60	78	78	56
66	49	76	54	80	58	72	90	84	74	69	66	61
00	13	65	66	80	68	65	62	74	94	82	64	58
80	82	82	90	81	78	77	80	81	78	89	82	75
66	72	77	80	81	88	90	100	101	94	74	66	69
93	97	96	90	88	92	93	106	104	117	120	92	88
65	70	84	78	80	80	84	94	90	80	82	76	73
84	78	81	90	76	80	66	77	66	53	66	53	69
—	—	—	—	—	—	—	—	—	—	—	—	—
14	14	15	15	15	15	15	15	15	15	15	15	
71.7	74.1	77.3	79.3	80.5	79.9	80.6	88.1	88.1	86.8	85.9	78.1	
71.8	74.3	77.0	79.1	80.0	80.2	82.3	86.2	87.8	86.9	84.2	77.3	

der Abreise nach Spanien leider nicht mit derjenigen Sorgfalt ausprobiert und ausgearbeitet werden konnte, die im höchsten Grade wünschenswert gewesen wäre.

Zunächst machte es große Schwierigkeiten, für den Dauerbetrieb eines derartigen Aspirators (von 565 l Fördermenge pro 1 Minute) einen Motor ausfindig zu machen, der sich auch für den Gebrauch auf einer temporären Station als geeignet erwies. Nach vielen Überlegungen und Erkundigungen glaubte ich dem Rate der Firma Spindler und Hoyer in Göttingen folgen zu sollen, die mir einen Heißluftmotor empfahlen. Ich entschloß mich daher auch zur Beschaffung eines solchen, an welchen der ebenfalls von Spindler und Hoyer gefertigte Aspirator mit Zahnradübertragung fest angeschlossen wurde. Als nun aber diese Kombination von Heißluftmotor und Aspirator fertiggestellt war und zu Versuchen benutzt werden konnte, da stand der Termin zur Absendung des gesamten Instrumentariums nach Spanien bereits nahe bevor. Wichtige Abänderungen und Vervollständigungen, wie z. B. das automatische Umladen des inneren Zylinders nicht nach Ablauf einer gewissen Zeit, sondern nach erfolgter Förderung eines stets gleichen Volumens Luft, ließen sich daher nicht mehr vornehmen.

Wiewohl ich mir also ganz klar darüber war, daß diese Registrierungen nicht völlig sichere, absolute Werte ergeben würden, mochte ich auf ihre Durchführung in Burgos doch nicht ganz verzichten.

Die Methode der Zerstreuungs-Registrierung ist nun die folgende: Ein isoliert aufgestellter Zerstreuungskörper wird mit einem Benndorfschen Quadranten-Elektrometer verbunden und von halber zu halber Stunde abwechselnd positiv und negativ aufgeladen. Diese Ladung erfolgt automatisch, mit Hilfe eines hierfür besonders angefertigten Umschalters U, dessen Konstruktion aus Fig. 20 und 21 zu entnehmen ist. An dem Uhrwerk des Elektrometers sind 2 Kontakt-Vorrichtungen angebracht, durch welche zu jeder vollen und halben Stunde ein Stromschluß hervorgerufen wird, der die Elektromagnete m bezw. m_1 in Tätigkeit setzt. Über den Elektromagneten schweben 2 einarmige, in b bezw. b_1 um eine horizontale Achse drehbare, mit den Ankern a und a_1 versehene Hebel, die in ihrer Ruhestellung durch Federkraft in horizontaler Lage gehalten werden. Die freien Enden dieser Hebelarme bilden 2 senkrecht nach unten gebogene starre Kupferstäbe d und d_1, die jedoch von den übrigen metallischen

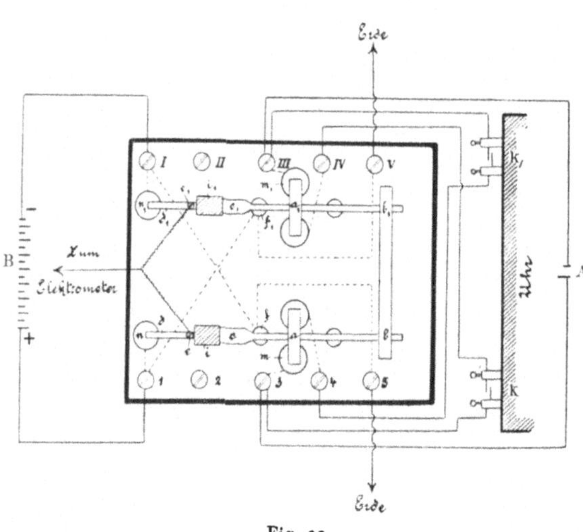

Fig. 20.

Teilen durch die zwischengeschalteten Bernsteinstücke i und i_1 isoliert sind. Zwei kurze, feine und ganz leichte, in e und e_1 befestigte Kupferdrähte führen an die Leitung zum Zerstreuungskörper und Elektrometer, deren festes Ende zweckmäßig bis nahe über den Umschalter gelegt wird. Wenn die Anker der Elektromagnete heruntergezogen werden, tauchen die Enden d und d_1 in die Quecksilbernäpfe n und n_1. Letztere sind auf Bernsteinfüßen montiert und stehen durch ebenfalls gut isolierte Zuleitungsdrähte von den Klemmen 1 und I aus mit der Ladebatterie in Verbindung. Von jenen beiden Klemmen 1 und I führen nun aber auch noch ebenfalls isolierte Zuleitungen an f und f_1, 2 Kontaktfedern, die dann in Tätigkeit treten, wenn der Anker a oder a_1 heruntergezogen wird, wenn also d oder d_1 in den betreffenden Quecksilbernapf taucht. Wird nun z. B. zur vollen Stunde ein Stromschluß bewirkt, indem der obere der beiden an der Uhr gezeichneten Kontakte (Fig. 20) zur Berührung gebracht wird, so tritt der Elektromagnet m in Wirksamkeit, indem jetzt der Strom der Batterie A auf dem Wege A 3 m 4 K_1 III A zirkulieren kann. Es wird also das Hebelarm-Ende d in n eingetaucht und damit der positive Pol der Ladebatterie B an den Zerstreuungskörper und das mit ihm verbundene Elektrometer geführt. Indem gleichzeitig die Kontaktfeder f heruntergedrückt und auf diese Weise der negative Pol der Batterie B über I f 5 zur Erde abgeleitet wird, kann nunmehr der Zerstreuungskörper auf die volle Spannung der Batterie B aufgeladen werden, in diesem Falle positiv. In ganz entsprechender Weise erfolgt eine negative Ladung des Zerstreuungskörpers, wenn zur halben Stunde der Uhrkontakt K zur Berührung gebracht und nun der Elektromagnet m_1 vom Strom durchflossen wird.

Der Uhrkontakt ist derart justiert, daß die Ladezeit etwa $1/2$ Minute dauert. Nach Verlauf derselben wird der Anker a durch eine Feder abgehoben, das Zerstreuungssystem ist jetzt isoliert und bleibt in dem geladenen Zustande eine halbe Stunde sich selbst überlassen, oder vielmehr es wird in diesem Zustande dem aspirierten Luftstrom ausgesetzt. Die Höhe der Anfangsladung wird danach geregelt, daß bei einer als zweckmäßig erkannten Empfindlichkeit des Quadranten-Elektrometers der Zeiger zunächst nahe bis an den äußeren Rand des Papierstreifens gebracht wird. Von hier aus zeichnet er in bekannter Weise während einer halben Stunde den Spannungsabfall des Zerstreuungskörpers auf, und zwar bei dem in Burgos gebrauchten Instrument je nach Wahl von Minute zu Minute oder auch von 2 zu 2 Minuten. Kennt man die Kapazität des Systems sowie die Geschwindigkeit des aspirierenden Luftstroms, so ist aus dem Spannungsabfall genau so wie beim Ebertschen Ionen-Aspirationsapparat die Elektrizitätsmenge zu berechnen, welche die atmosphärische Luft in Form von Ionenladungen enthält, und hieraus ergibt sich die Zahl der Ionen.

Fig. 21.

Die Empfindlichkeit des Quadranten-Elektrometers war bei diesen Registrierungen derart, daß 1 mm 2.3 Volt entsprach.

Zum Aufladen sowohl des Zerstreuungskörpers wie auch der Quadranten des Elektrometers dienten wieder die schon erwähnten Bittersalz-Batterien, die sich auch hier vollauf bewährt haben.

Die Registrierung erfolgte in Burgos in demselben Raume, in dem auch das Potentialgefälle aufgezeichnet wurde (Fig. 14). Die erforderlichen Instrumente standen an der Westwand bezw. in einer 40 cm tiefen Fensternische derselben.

Auf einer mit schweren Steinen ausgefüllten und durch Befestigung an der Westwand möglichst unbeweglich aufgestellten Holzkiste stand ein Heißluftmotor H der bereits angegebenen Art (S. 25). Fig. 22 gibt eine gute Abbildung des Motors, der bei einer Höhe von $1/2$ m eine Stärke von $1/30$ HP besitzt. K stellt dabei das Kühlgefäß dar, B den Spiritus-Bunsenbrenner und S den Behälter für Spiritus, aus welchem ein dauernder Zufluß zu B stattfindet. An den Heißluftmotor ist der Aspirator A montiert, der dieselbe Form besitzt wie beim Aßmannschen Aspirationspsychrometer. Die Ventilationsscheiben haben einen Durchmesser von 16 cm und werden durch Zahnrad-Übertragung von der Horizontalachse des einen Motor-Triebrades in Bewegung gesetzt.

Auf einen Ansatz dieses Aspirators kann das Rohr G mit dem darin befindlichen Zerstreuungszylinder aufgeschoben werden. Ersteres hat eine lichte Weite von 5.2 cm und eine Länge von 78 cm, letzterer besteht aus einem 1.5 cm dicken und 44.5 cm langen, geschwärzten Messingzylinder. Das äußere Rohr G war absichtlich um etwa 30 cm länger gemacht als der Zerstreuungszylinder, damit dieser jederzeit vor einer Bestrahlung durch die Sonne geschützt wurde[1]). Bei der beträchtlichen Länge des Aspirationsrohres, das in Burgos durch das Westfenster des Registrierraumes in das Freie geführt wurde, mußte dasselbe natürlich gegen das freie Ende hin noch eine Unterstützung erhalten, damit es nicht durch die Umdrehungen des Motors allzu sehr ins Schwanken geriet. Die Fördermenge betrug 556 l pro Minute, bei einer Umdrehungsgeschwindigkeit des Ventilators von 19 Touren pro Sekunde.

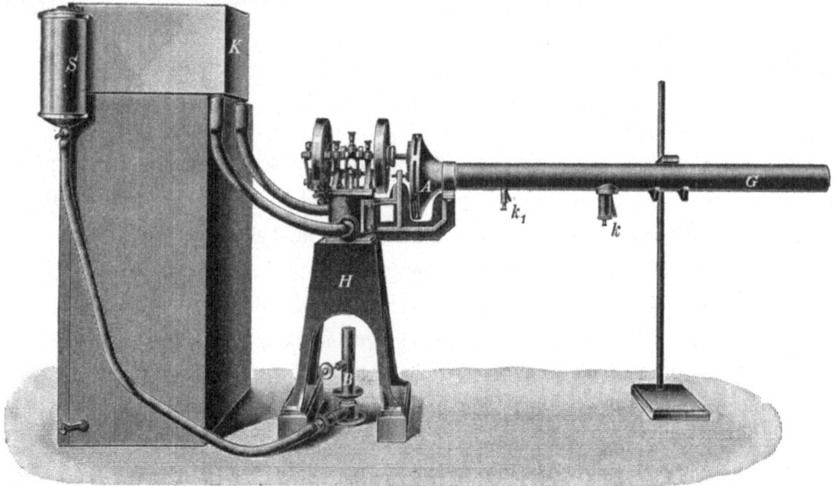

Fig. 22.

Die Zuleitung vom Elektrometer zum Zerstreuungskörper erfolgte durch die Klemme k, die durch einen ziemlich großen, massiven Bernstein-Stopfen von dem äußeren Rohr isoliert war. Diese Isolationsstelle ließ sich auch noch durch metallisches Natrium trocken halten. Das Quadranten-Elektrometer H (Fig. 14), das hier ebenfalls in Nadelschaltung gebraucht wurde, stand in der Fensternische, neben ihm der eben beschriebene Umschalter J und davor die zum Laden der Quadranten und des Zerstreuungskörpers erforderlichen Bittersalz-Batterien.

Trotz vieler Mühe, die auch noch in Burgos auf die Registrierung der luftelektrischen Zerstreuung verwandt wurde, sind die Ergebnisse der letzteren nicht als befriedigende zu

---

[1]) Wiewohl eine solche Maßregel nicht ohne Einfluß auf die absoluten Werte der Registrierung sein dürfte, so erschien sie mir doch unbedenklich, da es hier vor allem nur auf relative Werte ankam.

bezeichnen, zum Teil aus den schon weiter oben erwähnten Gründen, zum Teil aber auch wegen besonderer örtlicher Verhältnisse in Burgos. So konnte vor allem die Registrierung der Zerstreuung wohl meistens am Tage, nicht aber auch in der Nacht durchgeführt werden. Eine Ermittelung der ganzen täglichen Periode der Zerstreuung war damit also ausgeschlossen. Der Grund hierfür war ein doppelter: Einmal versagte die Isolation des Zerstreuungskörpers, die sich in Potsdam vorzüglich bewährt hatte, in Burgos fast regelmäßig, wenn nachmittags gegen 6 Uhr die Feuchtigkeit plötzlich und rapide zunahm (s. auch Tab. III und IV sowie Fig. 12). Schon über Tag machten sich manchmal Störungen in der Isolation bemerkbar, die mit dem Staub zusammenhingen, unter welchem alle wissenschaftlichen Expeditionen in Burgos zu leiden hatten. Dieser Staub wurde in sehr erheblicher Menge in das Aspirationsrohr hineinaspiriert und hineingeweht und bedeckte auch bald die ganze Oberfläche des isolierenden Bernsteins. Kam nun am Abend noch die große Feuchtigkeit hinzu, so war die Isolation gewöhnlich sofort unterbrochen. Dieser Übelstand hätte sich ja nun allerdings doch wohl beseitigen lassen, wenn genügend Zeit zur Vornahme von Abänderungen und Verbesserungen vorhanden gewesen wäre. Allein ich konnte mich auch aus einem anderen Grunde nicht dazu entschließen, den zum Betriebe des Aspirators erforderlichen Heißluftmotor auch während der Nacht in Gang zu lassen. Denn bei dem geringen und sowieso schon sehr stark beanspruchten Personal der Expedition war eine stete Bewachung des Aspirators, auch in der Nacht, nicht durchführbar, und ich durfte und wollte das Wagnis nicht auf mich nehmen, die ganze Station einer Gefährdung durch Feuer auszusetzen. So wurde denn die Registrierung der Zerstreuung gegen Abend hin stets abgestellt.

Überhaupt eignet sich ein Heißluftmotor nur wenig für eine derartige Registrierung, da sich bei seinem Betriebe Flammenionen in großer Zahl bilden, welche die Zerstreuungs-Ergebnisse in erheblichem Maße zu fälschen geeignet sind. Um ihren Einfluß zu beseitigen, umgab ich den Heißluftmotor auf allen Seiten mit einem dichten Netz von Drahtgaze, das sorgfältig zur Erde abgeleitet war. Direkte Versuche zeigten, daß danach von einer Störung durch Flammenionen nicht mehr die Rede war.

Aus den angeführten Gründen ist es also nicht möglich gewesen, fortlaufende Registrierungen der Zerstreuung zu erhalten, aus denen man den ganzen täglichen Gang hätte ableiten können. Auch aus den Aufzeichnungen am Tage sowie aus einer größeren Reihe von Augenbeobachtungen mit Hilfe eines Ebertschen Apparates (S. 44, Tab. IX) ist nach dieser Richtung hin wenig zu entnehmen, sie zeigen nur, daß die Schwankungen am Tage keine großen waren.

h) Messungen der luftelektrischen Zerstreuung mit dem Apparat von Elster und Geitel.

Der zur Messung der luftelektrischen Zerstreuung dienende Apparat von Elster und Geitel[1]) darf als derart bekannt vorausgesetzt werden, daß hier von jeder weiteren Beschreibung abgesehen werden kann. Von diesen sogenannten „Zerstreuungsapparaten" waren zwei Exem-

---

[1]) J. Elster und H. Geitel, Über die Existenz elektrischer Ionen in der Atmosphäre. Terr. magn. 1899, S. 213 ff.; Dieselben, Über Elektrizitätszerstreuung in der Luft. Ann. d. Phys. 2, S. 425 ff., 1900.

plare mitgenommen worden, mit denen, wenigstens am Tage der Finsternis, gleichzeitig oder doch nur mit $1/2$ bis 1 Minute Zeitdifferenz beobachtet werden sollte, und zwar derart, daß die Zerstreuungskörper stets entgegengesetzt geladen wurden. So konnte man eine gleichzeitige Beobachtung sowohl für die Zerstreuung der Ladung durch die positiven wie auch durch die negativen Ionen und damit also einen genaueren Aufschluß über das Verhältnis der beiden Ionenarten zu einander erhalten. Auch gewann man auf diese Weise eine Kontrolle der Angaben des einen Apparates durch diejenigen des anderen.

Die Aufstellung und Ingangsetzung der mannigfachen Registrier-Apparate ließ es nicht zu, mit den Messungen der Zerstreuung noch vor dem Tage der Finsternis anzufangen — abgesehen von einigen Bestimmungen, die am Vortage vorgenommen wurden, um festzustellen,

Tab. IX. Tab. IX.

Burgos 1905	Elster u. Geitel a+	Elster u. Geitel a−	Elster u. Geitel q=a−/a+	Ebert e+	Ebert e−	Ebert q=e−/e+	N Zahl der Ionen Negative	N Zahl der Ionen Positive	Pot.-Gefälle V/m	Luftdruck mm	Temperatur °C	Rel. Feucht. %	Wind	Sonnenschein ⊙	Bewölkung 0—10
3. September															
11^{22}–11^{37}a	3.28			0.37			1090		65	95.1	20.5	18	NNE	⊙²	0
11^{41}–11^{56}a		4.59	1.18		0.52	1.24		1530	65						
11^{59}a–0^{14}p	4.51		1.12	0.47		1.17	1380		66	95.0	21.1	18	NNE	⊙²	0
0^{17}–0^{34}p		5.52	1.35		0.58	1.29		1710	66						
0^{37}–0^{55}p	3.63		1.40	0.43		1.37	1270		65						
0^{59}–1^{14}p		4.64	1.14		0.60	1.43		1770	68	94.8	23.0	17	NNE	⊙²	0
1^{17}–1^{32}p	4.49		1.03	0.40		1.60	1180		70						
1^{36}–1^{51}p		4.60	1.11		0.68	1.79		2000							
1^{55}–2^{10}p	3.76		1.47	0.37		1.73	1090		77	94.6	23.5	16	NW	⊙²	0
2^{13}–2^{28}p		6.48			0.60	1.58		1770							
2^{31}–2^{46}p	1)			0.40		1.40	1180		84						
2^{49}–3^{4}p		5.17			0.52			1530		94.4	24.2	16	N	⊙²	0
4. September															
8^{22}–8^{37}a	1.95			0.57			1680		92	95.2	16.8	60	C	⊙²	0
8^{40}–8^{55}a		2.08	1.07		0.75	1.44		2210							
8^{58}–9^{15}a	1.94		0.99	0.47		1.32	1380		98	95.2	18.5	47	WNW	⊙²	0
9^{18}–9^{33}a		1.76	0.86		0.48	0.89		1410	104						
9^{36}–9^{51}a	1.92		1.11	0.62		0.85	1820								
9^{54}–10^{9}a		2.49	0.84		0.58	0.97		1710	99	95.1	22.4	37	W	⊙²	0
10^{12}–10^{27}a	4.03		0.93	0.57		1.12	1680								
10^{30}–10^{45}a		5.01	1.35		0.70	1.29		2060	94						
10^{48}–11^{3}a	2.40		1.73	0.52		1.23	1530			94.8	23.6	30	W	⊙²	0
11^{6}–11^{21}a		3.32	1.43		0.57	1.14		1680	94						
11^{25}–11^{40}a	2.25		1.55	0.47		1.21	1380		93						
11^{44}–11^{59}a		3.69	1.35		0.57	1.29		1680		94.7	25.1	25	W	⊙²	0
0^{6}–0^{21}p	3.24		1.06	0.42		1.52	1230		88						
0^{25}–0^{40}p		3.17	1.05		0.70	1.59		2060	84						
0^{41}–0^{57}p	2.81		1.14	0.47		1.30	1380								
1^{0}–1^{15}p		3.29	1.10		0.52	1.15		1530	81	94.7	26.0	22	W	⊙²	0
1^{18}–1^{33}p	3.15		0.99	0.43		1.28	1270		78						
1^{36}–1^{51}p		2.97	0.95		0.58	1.38		1710							
1^{54}–2^{9}p	3.08		1.18	0.42		1.43	1230		80	94.2	26.4	21	W	⊙²	0
2^{12}–2^{29}p		4.30	1.19		0.62	1.41		1820							
2^{32}–2^{47}p	4.11		1.03	0.47		1.38	1380		81						
2^{50}–3^{5}p		4.16	0.99		0.68	1.51		2000		93.9	26.5	17	W	⊙²	0
3^{8}–3^{22}p	4.28		0.96	0.43		1.44	1270		87						
3^{26}–3^{41}p		4.08	0.95		0.55	1.15		1620	90						
3^{44}–3^{59}p	4.35		0.99	0.53		1.15	1560								
4^{2}–4^{19}p 2)		4.58			0.67			1970	82	93.7	26.3	16	WNW	⊙²	0
Mittel	3.29	3.99	1.14	0.46	0.60	1.27	1367	1777							

1) Entladen durch kleine Fliegen.   2) Messung mußte wegen Überanstrengung der Augen des Beobachters abgebrochen werden.

ob die Apparate sich auch in völlig brauchbarem Zustande befanden. Die eigentliche Reihe der Messungen jedoch, die zum Vergleich der am Finsternistage erhaltenen dienen sollte, konnte erst nach letzterem, am 3. und 4. September angestellt werden. An diesen beiden Tagen war das Wetter sehr günstig dazu; es wurden daher Augenbeobachtungen der Zerstreuung vorgenommen, soweit es die Zeit gestattete.

Die Messungen fanden nahe der Station auf dem südlich davon gelegenen freien Felde statt (Fig. 6). Da gleichzeitig mit ihnen mit Hilfe eines Ebertschen Apparats auch noch Bestimmungen der Ionenzahl vorgenommen wurden, über welche weiter unten berichtet wird, so konnte hier nur mit einem Apparat beobachtet werden.

Über die Resultate gibt Tab. IX Auskunft. In derselben sind die von den Herren Elster und Geitel eingeführten Zeichen gebraucht worden. Es bedeutet also:

a_+ und a_- die in einer Minute von dem positiv bezw. negativ geladenen Zerstreuungskörper neutralisierte, in Prozenten der (konstant gedachten) Anfangsladung ausgedrückte Elektrizitätsmenge, die unabhängig von den Dimensionen des Apparats und von der Spannung ist, bis zu welcher er geladen wurde,

$q = {}^{a-}/_{a+}$, den sog. Zerstreuungsquotienten, ein Maß für die polare Verschiedenheit der Leitfähigkeit.

Zum Vergleich der in Burgos erhaltenen Werte mit solchen, die an anderen Punkten der Erde mit dem Elster und Geitelschen Apparat gemessen wurden, lasse ich in Tab. X eine kleine Zusammenstellung von Zerstreuungs-Messungen folgen. In derselben bezeichnet a das arithmetische Mittel aus den oben definierten Größen a_+ und a_-.

Tab. X.   Tab. X.

Ort	a	q	Beobachter	Ort	a	q	Beobachter
Lugano	1.87	1.00	Elster und Geitel	Helgoland { Düne . .	1.14	1.71	Elster
Capri	4.33	1.05	» » »	Helgoland { Oberland	3.07	1.50	»
Tromsö	3.20	1.11	» » »	Swinemünde (Ostsee) .	1.22	1.39	Lüdeling
Spitz- { an Land . . .	4.81	1.55	» » »	Misdroy (Ostsee) . . .	1.08	1.58	»
bergen { a. Land u. auf d. Meer	3.75	1.60	» » »	Potsdam	1.13	1.33	»
Juist (Nordsee)	1.36	1.32	» » »	Südlicher Teil der Ostsee	0.68	1.39	Meinardus
Wolfenbüttel	1.33	1.06	» » »	Atlantischer Ozean . .	1.82	1.47	Boltzmann
Palma (Mallorka) . . .	1.40	1.11	» » »	Kremsmünster	1.32	1.26	Schwab und Zölß
Palermo (Stadt) . . .	0.43	1.15	» » »	Triest	0.58	1.09	Mazelle
Algier (Stadt)	0.68	1.12	» » »	Tortosa	1.05	1.03	Linari
				Burgos	2.91	1.14	Lüdeling

Wie man aus Tab. X ersieht, ist die in Burgos gefundene luftelektrische Zerstreuung erheblich größer, als man sie sonst auf dem Kontinent zu finden pflegt, sie ist reichlich doppelt so groß als in unseren Gegenden (Potsdam, Wolfenbüttel und Kremsmünster). Auch die fast zu gleicher Zeit in Palma auf Mallorka von Elster und Geitel sowie in Tortosa von P. Linari angestellten Beobachtungen ergaben wesentlich kleinere Werte, im Mittel a = 1.40 bezw. 1.05 gegen 2.91 in Burgos. Wiewohl hier also außergewöhnlich hohe Zerstreuungswerte gemessen wurden, so halte ich dieselben doch für durchaus einwandfrei. Für ihre Zuverlässigkeit spricht einerseits der Umstand, daß von 2 verschiedenen Apparaten der Elster und Geitelschen Art Werte erhalten wurden, die der Größenordnung nach recht gut miteinander stimmten, und andererseits bestätigen auch die Messungen mit dem Ionen-Aspirationsapparat von Ebert, daß die Luft in Burgos verhältnismäßig reich an Ionen war. Zudem wurden die Messungen in Burgos an zwei Tagen angestellt, an denen bei wolkenlosem Himmel hellster Sonnenschein herrschte, die Lufttemperatur eine recht hohe und die relative Feuchtigkeit eine recht niedrige war. Somit waren alle Bedingungen für eine verhältnismäßig große Zahl und große Beweglichkeit der Ionen gegeben.

Was den Zerstreuungsquotienten $q = a_-/a_+$ anbetrifft, so sind die in Tab. IX hierfür angegebenen Werte derart gebildet, daß stets der Quotient aus dem Mittel zweier auf einander folgenden Werte von a_+ bezw. a_- und dem der Zeit nach dazwischen liegenden a_- bezw. a_+ berechnet wurde. Im Mittel fand sich $q = 1.14$, womit auf einen Überschuß der positiven Ionen hingewiesen wird.

Zur Ableitung des täglichen Ganges der Zerstreuung genügen die vorhandenen Messungen nicht.

i) Messungen der Ionenzahl mit dem Ebertschen Ionen-Aspirationsapparat.

Da auch der Ebertsche Apparat eine weitere Verbreitung gefunden hat und an mehreren Stellen ausführlich beschrieben ist, so wird es genügen, hier nur die bezüglichen Literatur-Hinweise zu geben[1]).

Der Beobachtungsort war, wie weiter oben bereits erwähnt, derselbe wie für die Beobachtungen mit dem Instrument von Elster und Geitel, also das freie Gelände südlich vom Stationsgebäude. Die Beobachtung selbst sowie ihre Berechnung erfolgte genau in der von Herrn Ebert angegebenen Weise. Die Ergebnisse sind ebenfalls in Tab. IX zusammengestellt, neben denjenigen, welche man mit dem Elster-Geitelschen Apparate erhalten hatte. Dabei ist nur noch zu bemerken, daß

e_+ und e_- die Elektrizitätsmengen (in elektrostatischen Einheiten) bedeuten, die sich in 1 cbm Luft in Form von Ionenladungen (negativen bezw. positiven Vorzeichens) finden,

$q = e_-/e_+$ wieder den Zerstreuungsquotienten darstellt, d. h. das Verhältnis der Zahl der positiven zu den negativen Ionen,

N die Ionendichte, d. h. die Anzahl der Ionen angibt, die in 1 ccm Luft enthalten ist. Dabei ist mit J. J. Thomson angenommen, daß die Ladung eines einzelnen Ions $= 3.4 \times 10^{-10}$ elektrostatischen Einheiten ist.

Auch aus den Werten, die man mit dem Ebertschen Apparat erhalten hat, ist ein täglicher Gang nicht zu entnehmen. Ebensowenig sind bestimmte Beziehungen zwischen ihnen und den jeweiligen Werten des Potentialgefälles zu finden.

Hinsichtlich der absoluten Beträge läßt sich hier dasselbe sagen wie bei den Messungen mit dem Elster-Geitelschen Apparat, daß die gefundenen Werte, d. h. die Elektrizitätsmengen, die sich in der Luft von Burgos in Form von Ionenladungen fanden, verhältnismäßig groß waren. Die nachstehende Zusammenstellung von Messungen, welche an verschiedenen

---

[1]) H. Ebert, Elektronen-Aspirationsapparat. Illustr. Aëronaut. Mitt. 1902, S. 178 ff. und 1903, S. 10 ff. — Derselbe, Aspirationsapparat zur Bestimmung des Ionengehalts der Atmosphäre. Phys. Zschr. 1901, Bd. 2, S. 662 ff.

Stellen der Erde mit dem Ebertschen Apparate erhalten sind (Tab. XI), läßt dies deutlich erkennen. (Auch hier gibt e das arithmetische Mittel der Größen e_+ und e_- an).

Tab. XI. Tab. XI.

Beobachtungsort	e	q	Zahl der Ionen			Beobachter
			Positive	Negative	Mittel	
Helgoland { Düne	0.10	1.86	380	180	280	Lüdeling
Helgoland { Oberland . . .	0.19	1.92	740	380	560	Lüdeling
Swinemünde (Ostsee) . . .	0.24	1.43	820	590	705	Lüdeling
Potsdam.	0.34	1.26	1090	880	985	Lüdeling
Atlantischer Ozean	0.33	1.44	1150	800	975	Boltzmann
Hochtal der Jachenau . . .	0.44	2.16	1790	830	1310	Dieckmann
München-Schwabing . . .	0.48	1.24	1550	1250	1400	Ebert
Palma de Mallorca	0.25	1.05	760	720	740	Elster und Geitel
» » »	0.40	0.97	1160	1200	1180	Ebert
Im Hafen von Lion. . . .	0.19	1.07	570	530	550	Ebert
Im Hafen von Barcelona . .	0.26	1.28	870	680	775	Ebert
Vinaroz bei Tortosa . . .	0.44	1.03	1300	1270	1285	Gockel
Burgos	0.53	1.27	1780	1370	1575	Lüdeling

Ganz im Einklang mit den hohen Werten, die man mit dem Elster-Geitelschen Apparat erhalten hatte, zeigen also auch die Messungen mit dem Ebertschen Aspirationsapparat in Burgos außergewöhnlich hohe Beträge. Sie übertreffen selbst diejenigen, die Ebert bezw. Dieckmann in der reinen Luft nahe bei München bezw. der nördlichen Kalkalpen gefunden hatten.

Der aus den Messungen mit dem Ebertschen Aspirationsapparat für Burgos berechnete Zerstreuungsquotient q = 1.27 weist ebenfalls darauf hin, daß hier eine polare Verschiedenheit vorhanden ist, derart, daß die positiven Ionen in Überschuß vorhanden sind, etwa in demselben Maße, wie auch sonst auf dem Kontinente, wie z. B. in Potsdam und München.

Im übrigen wird auch für die Messungen der Ionenzahl dasjenige gelten, was bei den Beobachtungen der luftelektrischen Zerstreuung mit Hilfe des Elster-Geitelschen Apparats bereits betont wurde: Daß nämlich aller Wahrscheinlichkeit nach die gefundenen, verhältnismäßig sehr hohen Beträge für die Ionenzahlen zum Teil durch die besonderen Witterungsumstände bedingt sind, bei denen die Beobachtungen stattfanden, d. h. durch hohe Temperatur, kleine relative Feuchtigkeit und kräftige, andauernde Sonnenstrahlung.

k) Sonstige Beobachtungen.
Regen.

Wiewohl man weder hoffte noch überhaupt damit rechnete, in Burgos Messungen des Niederschlages vornehmen zu können, und wiewohl diese ja auch für den eigentlichen Zweck der Reise, die Untersuchung des Einflusses der Sonnenfinsternis auf die meteorologischen und luftelektrischen Phänomene von keinerlei Bedeutung waren, so wurde doch, nur der Vollständigkeit wegen, auch ein Hellmannscher Regenmesser mitgenommen und an dem bereits erwähnten Platze im Garten aufgestellt (S. 18). Während der dreiwöchigen Beobachtungszeit regnete es an zwei Tagen, am 25. und am 30. August. An ersterem Tage betrug die Regenhöhe 0.4 mm, an letzterem 0.3 mm.

Ultraviolette Sonnenstrahlung.

An zwei dazu sehr geeigneten, völlig wolkenlosen Tagen, und zwar am 3. und 4. September, also gerade an denjenigen beiden Tagen, an welchen man die auf S. 44 in Tab. IX mitgeteilten größeren Beobachtungsreihen über luftelektrische Zerstreuung erhielt, wurde auch noch je eine Messung der ultravioletten Sonnenstrahlung mit dem Zinkkugel-Photometer nach Elster und Geitel[1]) vorgenommen. Die Beobachtungen fanden beide um die Mittagszeit statt, zwischen 11^a und Mg, und ergaben beide recht beträchtliche Werte. Letztere übertrafen Vergleichsmessungen, die im Juli in Potsdam vorgenommen waren, um ungefähr das $1^1/_2$ fache. Für jene Zerstreuungsmessungen vom 3. und 4. September gilt also, daß sie zu einer Zeit hoher ultravioletter Sonnenstrahlung angestellt wurden.

Radioaktivität der freien Luft.

Es erschien von Interesse, auch einigen Aufschluß über den Gehalt der Luft in Burgos an radioaktiver Emanation zu erhalten. An drei Tagen, am 3., 4. und 5. September wurden daher Aktivierungsversuche nach der Methode von Elster und Geitel[2]) angestellt, die folgende Aktivierungszahlen ergaben:

Am 3. September $A = 60.7$; am 4. September $A = 86.8$; am 5. September $A = 50.3$. Das Aufladen des 10 m langen und 1 mm dicken Kupferdrahtes erfolgte stets zwischen 11^a und 1^p, und zwar mit Hilfe einer Hochspannungssäule. Da man im mittleren Europa für die Aktivierungszahlen bisher Mittelwerte von 15 bis 20 erhielt, so sind die gefundenen Werte als sehr hohe zu bezeichnen. Leider gestattete die Zeit nicht, diese Messungen häufiger zu wiederholen, um mit größerer Sicherheit angeben zu können, ob die Luft in Burgos in der Tat verhältnismäßig reich an Emanation war. Mit einer solchen Annahme würden auch die verhältnismäßig großen Werte in Einklang stehen, die man aus den Messungen mit dem Elster-Geitelschen bezw. Ebertschen Apparat für Ionenbeweglichkeit und Ionenzahl gefunden hatte.

Meteorologische und luftelektrische Beobachtungen am Tage der Finsternis.

Nachdem im Vorhergehenden ein Bild davon gegeben wurde, wie sich die normalen meteorologischen und luftelektrischen Verhältnisse in Burgos während unserer etwa 14 tägigen Beobachtungsperiode gestaltet hatten, soll jetzt eine kurze Schilderung des Verlaufs des eigentlichen Finsternis-Tages, des 30. August 1905 folgen.

Bis zum 27. August war die Witterung durchweg gut, aber bereits am 28. nachmittags wurde die Lage unsicherer, und auch am 29. trat kein zuverlässiges Zeichen auf Beständigkeit

---

[1]) J. Elster und H. Geitel, Über eine verbesserte Form des Zinkkugel-Photometers zur Bestimmung der ultravioletten Sonnenstrahlung. Phys. Zschr. 5, S. 238—241.

[2]) J. Elster und H. Geitel, Über transportable Apparate zur Bestimmung der Radioaktivität der natürlichen Luft. Phys. Zschr. 4, S. 138, 1902, und Denkschrift der Kommission für luftelektr. Forschungen. München 1903, S. 77 ff.

ein. Das Wetter stand unter dem Einfluß einer tiefen Depression von 740 mm, die über der Nordsee nahe der holländischen Küste lagerte, und zweier flacherer Teildepressionen, von denen die eine sich über dem Golf von Genua, die andere an der Küste von Catalonien befand. Am Abend des 29., also am Vorabend des bedeutungsvollen Tages, zeigte sich freilich in Burgos wieder eine jener wunderbaren, sternklaren Nächte, die schon immer unser Entzücken hervorgerufen hatten. Alle Welt hoffte, daß es ein gutes Zeichen für den kommenden Tag sein möchte!

In der Tat war auch der frühe Morgen des 30. August völlig wolkenlos. Wenn auch mit geheimen Befürchtungen ob der Dauer des schönen Wetters, so doch mit guter Zuversicht gings zur Station hinaus, um zeitig genug die letzten Vorbereitungen für das große Ereignis zu treffen.

Leider tauchten schon gegen 9 Uhr morgens die ersten Wolken am Horizont auf und ließen neue Besorgnisse wach werden. Immerhin wurde das festgesetzte Programm kräftigst in Angriff genommen. Sämtliche Registrier-Instrumente wurden sorgfältigst revidiert und in Ordnung gebracht, und nachdem dies geschehen, begannen die Vorbereitungen für diejenigen Arbeiten, die im Freien vorgenommen werden sollten. Es war beabsichtigt, hier mehrere Stunden vor und nach der Totalität Augenbeobachtungen über luftelektrische Zerstreuung anzustellen. Am Abend des 29. August war zu unserer großen Freude noch Herr Dr. Luyken aus Berlin eingetroffen, der sich in liebenswürdigster Weise erbot, uns am 30. August zu unterstützen. So ließ es sich ermöglichen, die beiden Zerstreuungsapparate nach Elster und Geitel an die Herren Dr. Luyken und Dr. Nippoldt zu verteilen, derart, daß der eine die Zerstreuung für positive Ladung bestimmte, der andere gleichzeitig diejenige für negative Ladung. Ich selbst hatte die beiden mitgeführten Ebertschen Aspirationsapparate übernommen. Unserem Diener Hahn, dessen unermüdlichem Eifer und verständnisvoller Tätigkeit während der ganzen Zeit ich auch an dieser Stelle Worte der Anerkennung widmen möchte, hatte ich die Überwachung der Registrier-Instrumente übertragen. Selbstredend waren alle Apparate, die eine entsprechende Vorrichtung besaßen, auf „schnell laufend" gestellt, um für die Zeit der Verfinsterung möglichst große Zeit-Abscissen auf den Kurven zu erhalten. Ganz besondere Sorgfalt war Herrn Hahn bei Bedienung des Registrier-Apparats für das Potentialgefälle ans Herz gelegt, bei dem eventuell, je nach dem Gange der Registrierung, für eine höhere oder geringere Empfindlichkeit gesorgt werden mußte. Die hierfür erforderliche Umschaltung mit Hilfe des auf Seite 36 beschriebenen Umschalters konnte leicht innerhalb 2 bis 3 Sekunden vollzogen werden.

Etwa 2 Stunden vor Beginn der Finsternis überhaupt begannen unsere luftelektrischen Augen-Beobachtungen. Leider aber stiegen die Wolken am Horizont immer höher hinauf, der Himmel bedeckte sich immer mehr, so daß die Hoffnung auf ein volles Gelingen fast ganz schwand. Bei Beginn der Verfinsterung, um 11^{32}a mittl. Burgoser Zeit, aber noch fast 1½ Stunden vor der Totalität hatte die Bewölkung, ein mehr oder weniger dichtes cu- und fr-cu-Gewölk, bereits den Stärkegrad 5 erreicht. Wohl war ein fortwährender Wechsel vorhanden, aber mit großer Sorge mußten wir konstatieren, daß dieser beständige Wechsel auch mit einer beständigen Zunahme der Bewölkung verbunden war. Etwa 20 Minuten vor Beginn der Totalität war die Bewölkung auf 7—8 gestiegen, ja, es zeigten sich auch schon einige dunkle Regenwolken, die nichts Gutes ahnen ließen. Und so wollte es denn ein minder gütiges Geschick, daß noch kurz vor der Totalität eine Böe einsetzte, die um 11^{39}a die ersten Tropfen entlud und 12 Minuten lang, bis 11^{51}a Regen brachte, wenn auch nur in geringer Menge (0.3 mm). Wir wurden dadurch gezwungen, unsere Augenbeobachtungen über luftelektrische Zerstreuung zu unterbrechen und die Apparate zum Schutze gegen den Regen unter die Tische zu stellen. Freilich erhielten wir durch diese sonst mehr als unwillkommene Böe Gelegenheit, das Schauspiel der Totalität zu beobachten und zu bewundern. Glücklicherweise trat die verfinsterte Sonne unmittelbar vor Beginn der Totalität in eine größere Wolkenlücke, so daß wir den seltenen Anblick voll genießen konnten. Es war in der Tat ein ergreifender Moment, dessen Großartigkeit wohl noch dadurch gehoben wurde, daß sich gerade auch an den vorhandenen Wolken die wunderbarsten Färbungen aller Art zeigten. Das meiste Interesse richtete sich natürlich auf die Corona, auf deren Gestalt und Aussehen wir in diesem Falle um so mehr gespannt waren, als wir uns ja in einer Periode eines Sonnenflecken-Maximums befanden, daher die hierfür typische, ziemlich gleichmäßig rundliche Form ohne größere Komplexe weit ausschießender Strahlen zu erwarten war. Und in der Tat zeigte die Corona auch diese Form: Sie glich mehr einer Art Heiligenschein, der perlmutterfarben die tiefschwarze Mondscheibe umgab. Bemerkenswert ist noch, daß die Intensität des Corona-Lichts diesmal eine besonders große gewesen zu sein scheint, wohl auch infolge der erhöhten Tätigkeit der Sonne zur Zeit des Flecken-Maximums. Man darf es vielleicht auch dem außergewöhnlich kräftigen Corona-Licht zuschreiben, daß die auf der Erde herrschende Dunkelheit während der Totalität nicht sehr groß erschien. Immerhin war sie so stark, daß es uns sehr wohl möglich war, einige der hellsten Sterne deutlich zu erkennen. Sie entsprach etwa der Abenddämmerung, $1/_2$ bis $3/_4$ Stunden nach Sonnen-Untergang.

Die Totalität währte $3^3/_4$ Minuten. Kurz vor dem Ende derselben machte ich noch Herrn Dr. Luyken darauf aufmerksam, daß nun auch bald die sogenannten „fliegenden Schatten" kommen müßten, und fast in demselben Momente schon sahen wir dieselben über die Erde huschen, bandförmige, dunkle Streifen von vielleicht 10 cm Breite und einem gegenseitigen Abstande von ähnlichem Betrage, die senkrecht zum Winde standen und sich in Richtung desselben über die Erde bewegten. Ihre Geschwindigkeit war eine ziemlich erhebliche und übertraf meines Erachtens noch diejenige eines raschen Fußgängers. Ich möchte jedoch betonen, daß diese Schätzungen außerordentlich schwer und ungenau sind und sicherlich leicht gröberen Irrtümern unterliegen. Zu Anfang der Finsternis waren die fliegenden Schatten von uns nicht bemerkt worden, wohl deshalb nicht, weil wir damals unser Augenmerk ausschließlich auf die Corona richteten. Eine genauere Beobachtung dieses Phänomens hatten wir in unser Programm auch nicht mit aufnehmen können, da dasselbe sowieso schon hinreichend groß war. Zudem waren in Burgos zur Beobachtung der fliegenden Schatten an anderen Stellen umfassende Vorbereitungen getroffen, besonders auf Anregung und unter Leitung von Mr. Rotch. Da auch von vielen anderen Stationen Mitteilungen über die Beobachtung der fliegenden Schatten vorliegen, so ist zu hoffen, daß sich danach eine befriedigende Erklärung dieser Erscheinung wird geben lassen. Diejenigen Versuche freilich, die erst absolut sichere Daten gegeben hätten und die besonders auch von den spanischen Ingenieur-Offizieren in Burgos eifrigst vorbereitet waren, nämlich die fliegenden Schatten mit Hilfe der photographischen Platte festzuhalten, scheinen leider nicht gelungen zu sein.

Wie sich der Gang der meteorologischen und luftelektrischen Elemente in Burgos zur Zeit der Finsternis gestaltete, ergibt sich aus der nachfolgenden Tab. XII. Dabei ist noch zu bemerken, daß für die Verfinsterung in Burgos folgende Zeiten galten: Beginn der Finsternis überhaupt $11^a 31^m 48^s$, Totalität $0^p 52^m 12^s$ bis $0^p 55^m 54^s$, Ende der Finsternis überhaupt $2^p 12^m 30^s$

Tab. XII.   Meteorologische und luftelektrische   Tab. XII. Beobachtungen am Tage der Finsternis.

1905 August 30. Mittl. Burg. Zeit	Luftdruck mm	Temperatur °C.	Feuchtigkeit		Wind-		Potentialgefälle V/m
			absol. mm	relat. %	Richtung	Geschw. m. p. s.	
9^a 0m	687.43	13.9	5.0	43	W	4.4	74
10^a 0	87.47	15.9	5.6	42	W—WNW	4.2	78
11^a 0	87.47	15.6	4.9	38	»	2.7	80
5	87.43	15.1	4.9	39	»	3.3	55
10	87.40	15.6	4.8	37	»	3.3	65
15	87.34	15.3	4.9	38	»	4.0	62
20	87.37	16.0	5.0	37	»	4.0	67
25	87.33	16.1	4.9	36	»	3.3	35
30	87.33	16.0	5.0	37	»	2.0	61
35	87.33	17.0	4.8	33	»	4.0	63
40	87.35	17.3	4.8	33	»	2.7	68
45	87.34	17.1	4.6	32	W	2.7	74
50	87.32	16.6	4.6	32	»	2.7	76
55	87.29	16.4	4.4	32	»	1.3	81
Mg 0	87.27	16.5	4.6	33	»	3.3	80
5	87.28	16.9	4.8	33	W—WSW	3.3	72
10	87.26	16.5	4.5	32	»	2.7	77
15	87.25	16.6	4.7	33	»	2.0	57
20	87.26	16.7	4.7	33	»	0.0	28
25	87.27	16.6	4.7	33	»	2.0	0
30	87.27	16.1	4.5	34	WSW	2.0	—21
35	87.30	16.3	4.6	34	»	2.0	—39
40	87.37	16.2	4.8	35	»	4.7	— 47
45	87.40	15.7	5.1	39	SSW	1.3	—49
50	87.37	14.8	5.6	45	S	1.3	—47
55	87.33	14.3	5.3	44	SSE	2.0	—29
1^p 0	87.30	14.6	5.3	43	ENE	0.7	—12
5	87.29	14.7	5.5	45	»	1.3	+ 9
10	87.31	14.7	5.6	46	»	0.7	10
15	87.31	15.0	5.2	41	»	0.7	8
20	87.31	14.9	5.3	42	C	0.0	18
25	87.30	15.3	5.1	40	»	0.0	14
30	87.27	15.5	5.4	41	ENE	0.7	7
35	87.24	16.1	5.4	40	»	1.3	15
40	87.24	16.1	5.1	38	NNE	3.3	43
45	87.26	16.8	5.1	35	NNW	4.0	47
50	87.20	16.8	4.9	34	W—WNW	3.3	58
55	87.20	17.0	4.9	34	»	4.7	62
2^p 0	87.20	17.5	4.9	33	WNW	4.7	88
5	87.24	17.9	4.9	32	»	4.7	75
10	87.20	17.7	4.6	31	»	4.0	65
15	87.18	16.9	4.5	32	»	3.3	73
20	87.13	16.6	4.7	33	»	3.3	67
25	87.12	17.0	4.8	33	»	4.0	75
30	87.10	17.1	4.6	32	»	4.7	64
35	87.10	17.2	4.5	31	»	5.3	95
40	87.13	17.0	4.5	31	»	6.0	67
45	87.10	17.3	4.5	31	»	4.0	43
50	87.08	17.7	4.6	31	».	3.3	75
55	87.03	18.1	4.6	30	»	6.7	73
3^p 0	87.14	17.0	4.8	33	NNW	4.8	88
4^p 0	87.33	15.7	5.8	44	N—NNE	3.8	73
5^p 0	87.60	14.9	6.1	49	»	4.1	74
6^p 0	87.95	12.9	7.0	54	»	3.9	66
7^p 0	688.43	11.6	8.0	79	»	2.1	64

(mittl. Burgoser Zeit). Die Resultate der Augenbeobachtungen mit den Zerstreuungsapparaten von Elster und Geitel und dem Ionenaspirationsapparat von Ebert sind in Tab. XIII aufgeführt. Diese Beobachtungsreihe mußte um 0^{39}p unterbrochen werden, als der Regen einsetzte. Um 1^{20}p wurde sie fortgesetzt, doch fand ein frühzeitiger und unfreiwilliger Schluß statt, als kurz vor 3^{p} eine heftige Sandböe die Apparate teilweise von den Tischen wehte und alle in solchem Maße mit Sand überschüttete, daß zunächst eine sehr gründliche, längere Zeit in Anspruch nehmende Säuberung der Instrumente erfolgen mußte.

In Tab. XII finden sich zunächst die stündlichen Werte von 9 Uhr morgens bis 7 Uhr nachmittags, außerdem aber für die Zeit von 11 Uhr vormittags bis 3 Uhr nachmittags, d. h. 2 Stunden vor bis 2 Stunden nach der Totalität Ablesungen von 5 zu 5 Minuten. Diese Ablesungen sind den Kurven der Registrier-Instrumente entnommen. Dazu ist noch zu bemerken, daß den Luftdruck-Werten natürlich die Angaben des Sprung-Fueßschen Wagebarographen, den Temperatur-Werten diejenigen des Aspirations-Thermographen zu Grunde liegen. Soweit mir bekannt, ist es wohl überhaupt das erste Mal gewesen, daß bei den Temperaturbeobachtungen zur Zeit einer Sonnenfinsternis ein Aspirations-Instrument gebraucht worden ist. Die hier gegebenen Werte sind jedenfalls unbedingt zuverlässig. Daß eine Störung durch den Heißluftmotor eingetreten sein sollte (auf welche S. 25 hingewiesen wurde), halte ich unter Berücksichtigung aller besonderen Umstände und Vorsichtsmaßregeln für ausgeschlossen.

Fig. 23 zeigt auch noch in graphischer Darstellung den Verlauf der meteorologischen und luftelektrischen Elemente am Tage der Finsternis. Die Dauer der ganzen Verfinsterung ist dabei durch eine über und unter den Kurven befindliche schraffierte Zeichnung, die Dauer der Totalität durch ein schwarzes Band von einer der Zeit entsprechenden Breite kenntlich gemacht. Die ausgezogenen Kurven für Luftdruck, Temperatur, Feuchtigkeit und Potentialgefälle geben den Gang des betreffenden Elementes am Tage der Finsternis an, und zwar für die Zeit von 11 Uhr vormittags bis 3 Uhr nachmittags. Dabei wurden die in Tab. XII enthaltenen Ablesungen von 5 zu 5 Minuten zu Grunde gelegt, doch sind sowohl beim Luftdruck wie auch beim Potentialgefälle noch dazwischen liegende Werte hinzugezogen, so daß also die Kurven dieser beiden Elemente eine genaue Wiedergabe der Originalregistrierungen in allen Einzelheiten bringen. Die gestrichelten Linien stellen den normalen Gang dar, wie er sich nach den 14 tägigen Beobachtungen vor bezw. nach dem Finsternistage gestaltet hatte. Aus den Abweichungen der Kurven des 30. August von diesen normalen Gängen ist sofort und deutlich zu erkennen, in welcher Weise sich der Einfluß der Sonnenfinsternis und leider auch der bereits erwähnten, überaus unerwünschten Regenböe auf das betreffende Element geltend gemacht hat.

Für Windrichtung und -Stärke sind in Fig. 23 nur die Beobachtungen vom Finsternistage selbst zur Darstellung gebracht. Die Pfeile fliegen mit dem Winde, ihre Länge gibt ein relatives Maß der Windstärke.

Bei der luftelektrischen Zerstreuung stützt sich die graphische Darstellung auf die Registrierung der Zerstreuung. Hier liegen nur halbstündliche Werte vor, abwechselnd für positive und negative Ladung, und zwar in willkürlichem Maß. Die ausgezogene Linie gibt den Verlauf der Zerstreuung für positive Ladung an, die gestrichelte Linie derjenigen für

Tota-
lität.
mm.
Luftdruck.
687,50
40
30
20
10
687,00
90
80
686,80
Temperatur.
°C.
17
16
15
14
Absolute Feuchtigkeit.
6mm
5
4
Relative Feuchtigkeit.
45%
40
35
30
25
Wind-
Richtung u.Stärke
Luftelektr. Potential-Gefälle.
V/m
60
40
20
0
-20
Luftelektr. Zerstreuung
20
19
18
17
16
Beginn
Tota-
lität
Ende
der Finsternis.

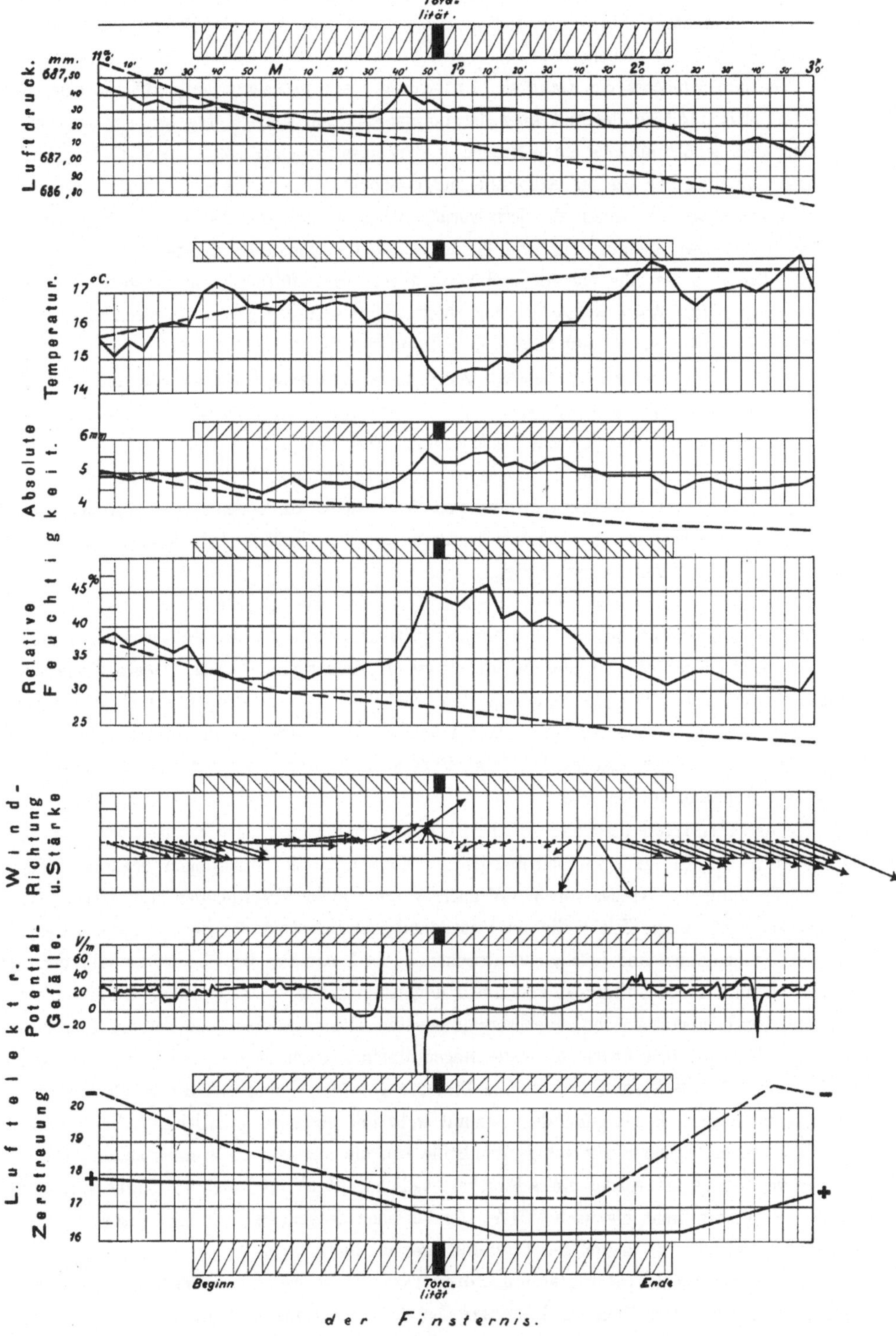

Fig. 23.

negative Ladung. (Die gestrichelte Linie zeigt hier also nicht den normalen Gang an, wie bei den anderen Elementen. Ein solcher ließ sich aus den vorhandenen Registrierungen nicht ableiten, wie bereits S. 43 bemerkt wurde.)

Was nun zunächst den Gang des Luftdrucks am 30. August anbetrifft, so liegt die Kurve von etwa 11½ᵃ ab dauernd über der normalen. Bald nach Mittag tritt ein langsames Fallen ein, dem jedoch um 0½ᵖ ein plötzliches und rapides Ansteigen folgt. Es wird eine „Luftdrucknase" von reichlich 0.2 mm Amplitude aufgezeichnet, die aber jedenfalls nicht durch die Sonnenfinsternis, sondern durch die jetzt vorüberziehende schwache Regenböe bedingt wurde. Das Maximum dieser Ausbuchtung liegt bei 0⁴²p, also fast genau 10 Minuten vor Beginn der Totalität. Um 0⁵⁰p war die eigentliche Böe vorüber, der Luftdruck nimmt von jetzt ab in ziemlich regelmäßiger Weise wieder ab, doch bleibt der absolute Wert um 0.1 bis 0.2 mm höher, als er bei ganz normalem Verlauf hätte sein müssen.

In der Lufttemperatur beginnt gegen 11⁵⁰a eine zunächst schwache und unregelmäßige, dann aber allmählich wachsende und mit Einsetzen der Böe intensiv werdende Abnahme, die am Schlusse der Totalität ihr Maximum erreicht und etwa 3⁰ C beträgt. Von hier ab steigt die Temperatur wieder in langsamer, aber regelmäßiger Weise, um gegen Ende der Verfinsterung überhaupt ungefähr den normalen Wert wieder zu erreichen, den man nach der am Vormittag beobachteten Temperatur erwarten konnte. Freilich tritt bald danach auch wieder eine geringe Temperaturerniedrigung ein.

Dem Gange der Temperatur entsprechend zeigt die absolute und die relative Feuchtigkeit eine Zunahme, die ganz ähnlich gelagert ist wie die Abnahme bei der Temperatur. Besonders deutlich tritt dies bei der relativen Feuchtigkeit hervor. Gegen Ende der Totalität allerdings behalten die Feuchtigkeiten Werte bei, die ein wenig höher als diejenigen des normalen täglichen Ganges liegen. Die Maximalzunahme beträgt in der absoluten Feuchtigkeit etwa 1½ mm, in der relativen Feuchtigkeit 15 bis 20 % und deckt sich der Zeit nach mit der größten Abnahme in der Temperatur.

In der Windrichtung und -Stärke tritt kurz vor Mittag, also zu derselben Zeit, zu welcher auch bei den anderen meteorologischen Elementen die Änderungen beginnen, eine schwache Drehung des Windes von WNW nach W und ein leichtes Abflauen ein. Gegen 0²⁰p hört der Wind für kurze Zeit völlig auf, um dann mit Einsetzen der Böe allmählich weiter nach WSW umzulaufen und kräftig aufzufrischen. Das Maximum der Windstärke fällt genau mit dem Maximum des Luftdrucks zusammen und ist begleitet von einer raschen und starken Abnahme der Temperatur, von einer verhältnismäßig ebenso raschen und starken Zunahme der Feuchtigkeit und dem Fallen der ersten Regentropfen. Gleich danach erfolgt eine erhebliche Abnahme der Windstärke und eine weitere Drehung von WSW über SW, S nach SE und ESE. Etwa 4 Minuten nach Beendigung der Totalität weht nur noch ein ganz leiser Luftzug aus E bis ENE, 20 Minuten später tritt völlige Windstille ein, die ungefähr 10 Minuten anhält. Dann, um 1³⁰p, weht zunächst wieder ein schwacher, östlicher Wind, der rasch an Stärke zunimmt und über N weiter dreht bis nach WNW, also bis nach derjenigen Richtung, aus welcher er auch am Vormittage, bei Beginn der Finsternis, geweht hatte.

Die Kurve des luftelektrischen Potentialgefälles verläuft am Tage der Finsternis zunächst in gewöhnlicher Weise und bewahrt den normalen Gang auch noch, als die partielle

V.erfinsterung bereits begonnen hatte. Bald nach Mittag jedoch, also 40 Minuten nach Anfang der Finsternis überhaupt und ebenso lange vor Beginn der Totalität beginnt eine langsame Abnahme des Potentialgefälles, die allmählich immer größer wird. Um 0^{25}p überschreitet die Kurve die Nulllinie, so daß die Werte des Potentialgefälles negativ werden. Mit dem Heranziehen der Regenböe wird diese Abnahme jedoch plötzlich unterbrochen, es erfolgt ein derart großer Ausschlag der Elektrometernadel nach der positiven Seite, daß das Papier für die Registrierung nicht mehr ausreicht. Bei dem Vorübergang der Böe über den Beobachtungsort wechselt das elektrische Feld sehr rasch, die Elektrometernadel macht jetzt einen starken Ausschlag nach der negativen Seite und kehrt von hier erst zurück, nachdem die Böe völlig vorübergezogen ist. Das Potentialgefälle bleibt aber andauernd ein sehr niedriges, doch entspricht der Stand des Elektrometers ganz demjenigen, den man ohne das Eintreten der Böe nach der um Mittag begonnenen, allmählichen Abnahme des Potentialgefälles erwarten konnte. Mit dem Ende der Totalität tritt ein langsames Steigen in den Werten des Potentialgefälles ein, und ungefähr 5 Minuten nach Schluß der Totalität wird die Nulllinie abermals überschritten, so daß wieder positive Werte auftreten. Von 1^{30}p ab ist die Zunahme eine etwas raschere, und gegen 2^{p} ist der normale Gang erreicht, also fast zu derselben Zeit, zu welcher auch die Temperatur und die Feuchtigkeiten ihre normalen Werte wieder erreicht hatten. Von jetzt ab nimmt die Kurve des Potentialgefälles auch wieder ihr gewöhnliches Aussehen an, d. h. sie ist mit häufigen kleinen Ausschlägen nach der einen und anderen Seite versehen, die während der Zeit der Ausbuchtung, von 0^{10}p bis 2^0p fast ganz verschwunden waren. Sieht man von den beiden starken Ausschlägen ab, die sich in der Kurve der Potentialgefälles zurzeit des Vorüberganges der Regenböe finden und ohne Frage durch diese hervorgerufen sind, so beträgt die größte Abnahme im Potentialgefälle ungefähr 50 Volt, d. h. etwa 90 % des normalen absoluten Wertes.

Aus den Registrierungen der luftelektrischen Zerstreuung ist nur zu entnehmen, daß mit Beginn der Verfinsterung eine allmähliche Abnahme eintrat, daß aber gegen das Ende der Finsternis hin wieder eine Zunahme der Ionenzahl stattfand.

In Tab. XIII sind die Augenbeobachtungen enthalten, welche mit je zwei Apparaten nach Elster und Geitel bezw. Ebert kurz vor und nach der Finsternis angestellt wurden. Die dabei gebrauchten Zeichen haben dieselbe Bedeutung wie in Tab. IX und XI.

Aus der Zusammenstellung geht hervor, daß mit zunehmender Verfinsterung eine Abnahme der luftelektrischen Zerstreuung erfolgte. Dieses Resultat zeigen sowohl die Messungen mit den Elster und Geitelschen wie auch diejenigen mit den Ebertschen Apparaten. Dabei war die Abnahme bei positiver Ladung der Zerstreuungskörper relativ größer als diejenige bei negativer Ladung, d. h. also, in erster Linie wurden die negativen Ionen von der Verfinsterung beeinflußt. Nach der Totalität trat wieder eine Zunahme der Zerstreuungswerte ein, doch konnten die Messungen aus bereits erwähnten Gründen (S. 52) nur noch kurze Zeit fortgesetzt werden.

Es ist ja nun nicht zu leugnen, daß die kurz vor der Totalität vorübergezogene Regenböe das Bild der Registrierungen in unangenehmster Weise stört. Ich kann es Niemandem verdenken, wenn er die auffälligen Änderungen in den Kurven der verschiedenen Elemente

Tab. XIII. Luftelektrische Augenbeobachtungen am Tage der Finsternis   Tab. XIII.
Mittlere Burgoser Zeit.

Burgos 1905 August 30.	Elster und Geitel						Ebert						N — Zahl der Ionen nach			
	I. Beob. Luyken			II. Beob. Nippoldt			I. Beob. Lüdeling			II. Beob. Lüdeling			Apparat I		Apparat II	
	a−	a+	q	a+	a−	q	e−	e+	q	e+	e−	q	positive	negative	negative	positive
11^5–11^{20} a	4.56			3.91			0.70			0.68			2070		2000	
11^{26}–11^{41} a		3.34	1.37		4.10	1.05		0.73	0.96		0.71	1.04		2160		2080
11^{45}–Mg	4.23		1.27	2.86		1.43	0.60		0.82	0.63		1.13	1770		1860	
0^4–0^{19} p		1.96	2.16		3.32	1.16		0.45	1.33		0.62	0.99		1330		1830
0^{23}–0^{38} p	3.24		1.65	1.81		1.83	0.54		1.20	0.48		1.29	1590		1410	
Messungen mußten einer Regenböe wegen unterbrochen werden.																
1^{20}–1^{35} p		2.05			3.45	1.35		0.50	1.06		0.60	1.20		1470		1770
1^{40}–1^{55} p	3.17		1.55	2.55		1.54	0.53		1.13	0.50		1.10	1560		1470	
2^2–2^{17} p		3.64	0.87		3.93			0.47	1.21		0.55	1.06		1390		1620
2^{22}–2^{37} p	4.15		1.14	abgebrochen			0.57			0.52		1.17	1680		1530	
2^{44}–2^{59} p		3.82	1.09					_0.37_ *)			0.61			_1090_ *)		1780
Messungen mußten einer Staubböe wegen abgebrochen werden.																

*) kursiv gedruckte Werte sind unsicher.

zur Zeit der Verfinsterung in höherem Maße der Böe zuschreibt, als ich selbst es glaube tun zu müssen. Selbstverständlich macht sich die Böe in den Kurven deutlich bemerkbar: Beim Luftdruck durch ein erst allmähliches Fallen und dann in besonderem Maße durch die „Luftdrucknase", bei der Temperatur durch eine starke und rasche Abkühlung, bei der Feuchtigkeit durch eine starke und rasche Zunahme, beim Winde durch ein charakteristisches Abflauen und Wieder-Auffrischen, beim Potentialgefälle durch sehr heftige und schnelle Feld-Änderungen. Aber ich für meine Person bin überzeugt, daß die nur unbedeutende Böe jene länger dauernden Ein- und Ausbuchtungen, die kurz nach Eintritt der Verfinsterung beginnen und sich bis nahe an das Ende derselben erstrecken, nicht hervorgerufen hat, weder diejenigen in den meteorologischen, noch diejenigen in den luftelektrischen Elementen. Meine Gründe hierfür sind:

1. Eine Böe von etwa 0.2 mm Drucksteigerung und annähernd 10 Minuten Dauer wird sich schwerlich über einen Zeitraum von 2 Stunden bemerkbar machen, und zwar in ganz gleicher Dauer sowohl bei den meteorologischen wie bei den luftelektrischen Elementen;

2. nach einer derartigen Böe pflegt eine solche Winddrehung nicht einzutreten, wie man sie in Fig. 23 sieht;

3. der allgemeine Witterungscharakter war nicht dauernd geändert, denn von 1½ bis 2¼ Uhr nachmittags und weiter von 2½ Uhr ab hatten wir wieder Sonnenschein, zeitweise sogar recht intensiven;

4. die Ein- bezw. Ausbuchtungen in den Kurven der meteorologischen Elemente (wie Temperatur und Feuchtigkeit) entsprechen bis in Einzelheiten demjenigen, was bei früheren Sonnenfinsternis-Beobachtungen gefunden ist. Zum Vergleich sind in Fig. 24 zwei Temperaturkurven von totalen Sonnenfinsternissen nebeneinander gestellt, diejenige, die wir am 30. August 1905 in Burgos erhielten und eine andere, die am 29. Mai 1905 in Wadesboro (Kentucky) erhalten wurde. In beiden Fällen sieht man die ganz gleiche, charakteristische Lagerung der Einbuchtung: Ein kleinerer Teil vor der Totalität, der weitaus größere jedoch nach der Totalität, fast bis zum Schluß der Finsternis überhaupt reichend.

Angenommen nun, daß die in Fig. 23 sichtbaren Wirkungen nur so weit auf die Regenböe zurückzuführen wären, wie im Vorstehenden angegeben, daß aber die länger dauernden Änderungen in der Tat der Finsternis zugeschrieben werden könnten — ist dann auch in den Beobachtungen von Burgos eine Bestätigung der auf Seite 7 erwähnten Claytonschen Ansicht zu finden oder nicht, und wie erklären sich die luftelektrischen Ergebnisse?

Was die erste Frage anbetrifft, so will Clayton für den Zeitraum der Finsternis zu 3 Momenten erhöhten Luftdruck gefunden haben, einmal zu Beginn der Finsternis oder kurz vor derselben, dann kurz vor der Totalität und endlich am Ende der Finsternis. Luftdruckminima dagegen sollen zwischen Anfang und Totalität sowie zwischen Totalität und Ende auftreten. Und im ganzen soll sich nach Clayton eine Erniedrigung des Luftdruckes während der Dauer der Verfinsterung zeigen.

In den Luftdruck-Registrierungen von Burgos habe ich derartige Schwankungen nicht entdecken können, weder jenen 3fachen Wellenzug, noch eine sich über die ganze Verfinsterung erstreckende Luftdruckabnahme. Eher noch finde ich eine geringe, allgemeine Zunahme des Luftdruckes.

Beim Winde glaubt Clayton vor allem einen Ausfluß desselben aus dem Totalitätsgebiet festgestellt zu haben, wie er ja auch dem dortigen Zentrum hohen Drucks entsprechen würde.

Die Wind-Beobachtungen von Burgos standen vor der Totalität stark unter dem Einfluß der Böe. Wie groß derselbe war und wie lange er dauerte, ist schwer zu sagen. Jedenfalls lassen sich die Beobachtungen um diese Zeit zur Feststellung eines Einflusses der Finsternis auf den Wind nicht verwerten. Nach oder schon während der Totalität beginnt ein Umlaufen des Windes, das ziemlich rasch vor sich geht und zwar gegen den Uhrzeiger.

Eine volle Bestätigung der Claytonschen Annahme ist also aus den Beobachtungen von Burgos nicht zu entnehmen. Dabei ist freilich zu beachten, daß es sich hier um die Feststellung von verhältnismäßig geringen Schwankungen handelt, die sehr wohl durch die Wirkungen der Regenböe überdeckt sein können. Im übrigen läßt sich auch natürlich aus den Beobachtungen einer einzigen Station nicht allzuviel schließen. Erst wenn einwandfreie Resultate von möglichst vielen

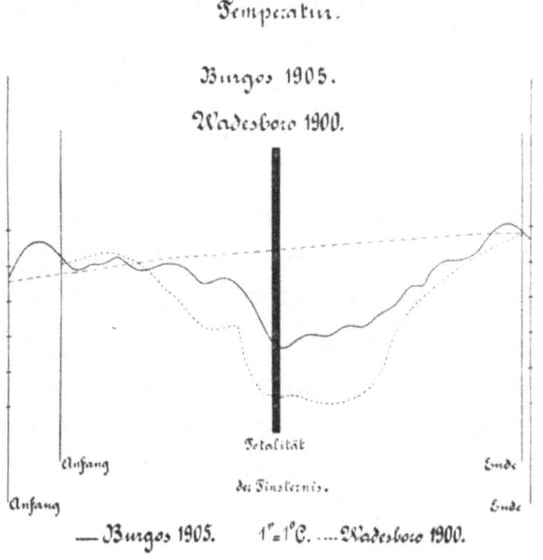

Fig. 24.

Stationen vorliegen, kann man dazu übergehen, die von Clayton aufgestellte Behauptung eines Finsternis-Wirbels eingehender zu diskutieren. Ob sich aber einwandfreies Material in genügender Menge finden wird, das die Beantwortung dieser Frage ermöglicht, muß noch als zweifelhaft angesehen werden. Denn wenn auch die ganze Totalitätszone mit vielen Beobachtungsstationen besetzt war, so war doch das Wetter leider an recht zahlreichen Orten derart ungünstig, daß man die Beobachtungen nicht als einwandfrei ansehen kann.

Bei der Luftelektrizität sehen wir eine Abnahme des Potentialgefälles und zugleich eine Abnahme der Ionenbeweglichkeit und der Ionenzahlen. Letztere zu erklären, bietet keine großen Schwierigkeiten. Durch die Verfinsterung erfolgte eine Abkühlung, es können daher in dem vom Mondschatten erreichten Teile zeitweise, bald vorübergehende Kondensationen eingetreten sein, bei denen auch die Ionen belastet und in ihrer Bewegung gehemmt wurden. Diese Ionen mit sehr verlangsamter Geschwindigkeit konnten nun durch das elektrische Spannungsfeld des Ebertschen Aspirationsapparates hindurchschlüpfen, ohne gemessen zu werden, denn der Ebertsche Apparat ist nur für solche Ionen berechnet, welche eine Wanderungsgeschwindigkeit von der Ordnung der gewöhnlichen Gasionen haben, d. h. von mindestens 0.2 cm/sek pro Volt/cm Gefälle. Daß sich die Abnahme der Ionenbeweglichkeit und -Zahl vor allem bei positiver Ladung der Zerstreuungskörper, also für die negativen Ionen zeigt, spricht auch für die Richtigkeit dieser Erklärung. Denn bekanntlich sind es gerade die negativen Ionen, welche bei Kondensationsvorgängen am ersten belastet werden.

Größere Schwierigkeit macht die Erklärung des abnehmenden Potentialgefälles. Elster[1]) erklärt eine solche bei früherer Gelegenheit, bei Beobachtungen während der totalen Sonnenfinsternis am 28. Mai 1900 in Algier dadurch, daß in die über die Erde gleitende Bahn des Mondschattens Luftmassen vom Meere her aspiriert würden, die von den früheren, am Beobachtungsorte befindlichen elektrisch different waren. Ebert[2]) stimmt ihm in dieser Auffassung zu, auch er ist der Ansicht, daß es hier die Eigenschaft der in die Totalitätszone aspirierten Luft war, welche das Gefälle herabsetzte. Das mag für die damaligen Beobachtungen zutreffend gewesen sein; ob man eine solche Erklärung aber auch für die Abnahme des Potentialgefälles in Burgos heranziehen kann, halte ich für recht zweifelhaft.

Man könnte daran denken, daß die Wirkung sich ähnlich gestalten müßte, wie bei Eintritt der Nacht. Auch hier gehen die Ionenmengen und Ionenbeweglichkeiten meistens herunter, aber es besteht der Unterschied gegen die Finsternis, daß das Potentialgefälle mit Einbruch der Nacht zuzunehmen pflegt, während es hier abnimmt.

Nun ließe sich noch vermuten, daß die fragliche Abnahme des Potentialgefälles im Zusammenhange mit jener Regenböe stände, die kurz vor der Totalität über den Beobachtungsort hinwegzog. Eine solche Böe beeinflußt die luftelektrischen Erscheinungen allerdings gewöhnlich nur so lange, als sie sich auch in den meteorologischen Elementen des Beobachtungsortes bemerkbar macht. Immerhin übt das Fallen von Niederschlägen zuweilen auch auf größere Entfernung hin eine Wirkung auf die luftelektrischen Instrumente aus, derart, daß letztere beim Potentialgefälle Ausschläge nach der negativen Seite hin zeigen. Man könnte also annehmen, daß jene, ebenfalls nach der negativen Seite hin sich erstreckende Einbuchtung in der Kurve

---

[1]) J. Elster, Luftelektrische Messungen während der totalen Sonnenfinsternis zu Algier am 28. Mai 1900. Phys. Zschr. 2, 1900, S. 66.

[2]) H. Ebert, Luftelektrische Beobachtungen während der totalen Sonnenfinsternis 1905, August 30, in Palma de Mallorca. — Terr. magn. X, 1905, S. 173.

des Potentialgefälles ausschließlich oder doch in erster Linie dem Herannahen, Vorübergange und Abziehen der Regenböe zuzuschreiben wäre. Dem möchte ich aber Folgendes entgegenhalten:

Einmal ist doch die genau gleiche Lagerung der Ausbuchtungen in den Kurven des Potentialgefälles und der meteorologischen Elemente außerordentlich auffallend, so daß ich für meine Person die Überzeugung habe, daß sie in letzter Instanz auf dieselbe, gemeinsame Ursache zurückzuführen sind. Bei den meteorologischen Elementen kann letztere aber auf keinen Fall nur oder überwiegend in der Regenböe zu suchen sein.

Weiterhin ist auch die große Ruhe, die sich während der Verfinsterung, (aber selbstverständlich vor und nach Vorübergang der Regenböe) im Potentialgefälle zeigt, höchst eigentümlich. In den vielen Registrierungen des luftelektrischen Potentialgefälles, die mir im Laufe mehrerer Beobachtungsjahre zu Gesicht gekommen sind, habe ich etwas Ähnliches beim Vorübergange einer Regenböe noch nicht gefunden. Dagegen wurde auch am Ebro-Observatorium in Tortosa[1]) eine selten große Ruhe im Potentialgefälle festgestellt, die sich dort am 30. August 1905 während der Totalität der Sonnenfinsternis zeigte.

Ich glaube daher nach wie vor davon überzeugt sein zu dürfen, daß die in der Registrierung vorhandene Abnahme des Potentialgefälles von etwa Mittag bis 2 Uhr nachmittags in der Tat auf die Finsternis, nicht aber auf die vorübergezogene Regenböe zurückzuführen ist. Wie diese Abnahme des Potentialgefälles zu erklären ist, darüber vermag ich noch nichts Bestimmtes anzugeben. Eine zuverlässige Erklärung ist auch um so schwieriger, als man wegen der vorübergezogenen Regenböe keine unbedingt sicheren Unterlagen bezüglich der meteorologischen Faktoren hat. Entsprechend der ebenfalls beobachteten und leicht verständlichen Abnahme der Ionendichte und -Beweglichkeit hätte man eher eine Zunahme des Potentialgefälles erwarten können, wie sie auch von Nordmann[2]) bei seinen unter günstigsten Witterungsbedingungen angestellten Beobachtungen in Philippeville gefunden wurde. Eine solche hätte sich dann auch ganz ungezwungen aus dem überwiegenden Ausfällen der negativen Ionen erklären lassen, das durch die Abkühlung während der Abblendung des Sonnenlichts eintreten mußte.

Wenn der Abnahme der luftelektrischen Zerstreuung auch häufig, wohl sogar in den meisten Fällen eine Zunahme im Potentialgefälle gegenübersteht, so kann man einen solchen Zusammenhang doch noch nicht als ganz feststehende, allgemein gültige Regel hinstellen, worauf schon Zölß[3]) hingewiesen hat. Denkbar wäre es immerhin, daß die Verfinsterung der Sonnenscheibe sowohl von einer Abnahme in der luftelektrischen Zerstreuung wie auch im Potentialgefälle begleitet wurde.

Faßt man die Einwirkung der Sonnenfinsternis vom 30. August auf die meteorologischen und luftelektrischen Elemente kurz zusammen, wie sie sich nach den Beobachtungen in Burgos ergibt, so kann man etwa Folgendes sagen:

---

[1]) Cirera, Notice sur l'observatoire et sur quelques observations de l'éclipse du 30 août 1905. Barcelone 1905. S. 39.

[2]) Ch. Nordmann, Sur certaines expériences relatives à l'ionisation de l'atmosphère, exécutées en Algérie à l'occasion de l'éclipse totale du 30 août 1905. Compt. Rend. Déc. 1905. — Derselbe, Recherches sur le champ électrique terrestre, exécutées à l'occasion de l'éclipse totale du 30 août 1905. Compt. Rend. Janv. 1906.

[3]) Zölß, Messungen der Elektrizitätszerstreuung in Kremsmünster. Wiener Akad. Bd. CXII, 1903. S. 1156.

1) Im Luftdruck ist keine deutliche Wirkung nachzuweisen;

2) in der Temperatur trat eine Abnahme ein, die etwa 45 Minuten vor der Totalität einsetzte, eine Stunde nach derselben endete und bis zu 3^0 C. betrug;

3) in der Feuchtigkeit (sowohl absoluten wie relativen) findet sich eine Zunahme, die ganz ähnlich gelagert ist, wie die Abnahme in der Temperatur;

4) beim Winde hängt vielleicht ein Abflauen und Umspringen des Windes nach der Totalität und ein Weiterdrehen in die anfängliche Richtung gegen Ende der Finsternis mit der letzteren zusammen;

5) in den luftelektrischen Elementen zeigte sich eine Abnahme sowohl in der Zerstreuung, wie auch im Potentialgefälle.

Diese Ergebnisse können jedoch nur mit allem Vorbehalte gegeben werden. Um den Einfluß einer Sonnenfinsternis auf die meteorologischen und luftelektrischen Phänomene in einwandfreier Weise festzustellen, ist es eine unerläßliche Bedingung, daß die Witterungsverhältnisse in jeder Beziehung günstig sind. Ein sonst völlig ungestörter Gang der meteorologischen Elemente ist die unbedingt notwendige Voraussetzung für die Erzielung zuverlässiger Resultate, und zwar nicht nur der meteorologischen, sondern auch der luftelektrischen. Denn die luftelektrischen Erscheinungen stehen doch in einem außerordentlich nahen Zusammenhange mit den meteorologischen und ihre Änderungen sind zum großen Teile in mehr oder weniger direkter Weise auf die meteorologischen Veränderungen zurückzuführen. Für mich unterliegt es auch keinem Zweifel mehr, daß der Einfluß einer Sonnenfinsternis auf die Luftelektrizität im wesentlichen nur ein indirekter ist und bedingt wird durch die Wirkung auf die meteorologischen Elemente: Durch die Temperatur-Abnahme und dadurch veranlaßte Kondensationen, durch zeitweise Unterbrechung aufsteigender Luftströme usw. Ein direkter Einfluß, der auf die Verringerung der ionenbildenden Kraft der mehr oder weniger verfinsterten Sonne zurückzuführen wäre, wird sich höchst wahrscheinlich nur in verhältnismäßig viel geringerem Maße geltend machen.

Jene Bedingung absolut guten Wetters war nun am 30. August 1905 in Burgos leider nicht erfüllt. Durch die mehrfach erwähnte Regenböe wurden die Registrierungen der meteorologischen und luftelektrischen Instrumente auf das Nachteiligste beeinflußt. Da man kein Mittel besitzt, die Wirkung der Sonnenfinsternis von derjenigen der Regenböe scharf zu trennen, so ist auch jede einwandfreie Entscheidung über den Einfluß der Sonnenfinsternis auf die meteorologischen und luftektrischen Erscheinungen illusorisch gemacht.

Die Frage nach einem solchen Einflusse muß also nach wie vor als eine offene bezeichnet werden. Es sollte aber keine Gelegenheit versäumt werden, den Versuch ihrer Lösung zu wiederholen. Das größte Gewicht ist dann darauf zu legen, daß die Expeditionen nur an solche Punkte entsandt werden, an denen von vornherein die allergrößte Wahrscheinlichkeit für günstige Witterungsverhältnisse gegeben ist. Etwas größere Kosten und Mühen dürfen nicht mitsprechen, sobald man mit größerer Sicherheit darauf rechnen kann, daß die Beobachtungen durch unerwünschte atmosphärische Einflüsse nicht gestört werden.

Ergebnisse der magnetischen Beobachtungen.

Von Dr. A. Nippoldt.

Instrumentarium.

Auf der magnetischen Station kamen während ungefähr zwei Wochen um die kritische Zeit die drei erdmagnetischen Elemente mit erhöhter Empfindlichkeit und fortlaufend zur Registrierung. Für den Tag der Finsternis waren zugleich in Potsdam an dem Stammobservatorium Sondermessungen ausgeführt worden. Die Ergebnisse beider Beobachtungsreihen sind in folgendem abgeleitet.

Das magnetische Instrumentarium der Station bestand aus folgenden Apparaten:

1. Feinmagnetometer Nr. 3 von Toepfer; 2. Feinmagnetometer Nr. 4 von Toepfer; 3. magnetische Wage Nr. 22 von Schulze; 4. Registrierapparat von Toepfer; 5. Registrierapparat Nr. 7 von Schulze; 6. magnetisches Lineal von Toepfer; 7. Chronometer von Kittel 221; 8. Taschenuhr von Lange; außerdem aus dem nötigen Zubehör (Skalenfernrohr, Deckgläser, Linsen, Ersatzteile, photographische Gebrauchsstücke usw.).

Die Aufstellung geschah in einem annähernd rechtwinkligen Raum in der Plantage des Señor Arnaiz; es ist der Raum B der Figur 8. Der Fußboden bestand aus quadratischen Ziegelsteinplatten, die Wände aus Kalkstein. Ihre Mächtigkeit war 60 cm, so daß nur geringe Temperaturschwankungen zu erwarten waren. Die Decke war 2.15 m über dem Fußboden, über ihr erhob sich das Giebeldach, das den Raum genügend vor der Wirkung der sehr intensiven Sonnenstrahlung schützte. Die Westseite des Raumes grenzte an die Treppe, die nach dem als luftelektrisches Observatorium eingerichteten Turmzimmer führte, und an den Längsflur F des ganzen Gebäudes; sie enthielt die Türe. Die Ostseite lehnte an einen Hühnerstall A, die Nordseite grenzte an einen Hof. Die Südseite besaß das einzige Fenster des Raumes; es ließ sich durch Holzläden verschließen. Das ganze Gebäude lag in dem fast wasserlosen alluvialen Flußbett des Arlanzon und insofern weit ab von jedem gebahnten Weg, doch führte ein Naturpfad an dieser Südseite vorbei. Sein Niveau war bedeutend tiefer als der Fußboden des magnetischen Observatoriums, so daß die landesüblichen Maultierkarren, das hauptsächlichste Verkehrsmittel, nicht erheblich gestört haben. Am Tage der Finsternis war übrigens besonders dafür gesorgt worden, daß dieser Verkehr auf andere Wege geleitet wurde.

Das in der Nähe vorgefundene Eisen wurde natürlich entfernt, soweit es beweglich war. Im Raume selbst trug nur die Tür bewegliches Eisen (die Angeln, einige Bänder und das Schloß), es war ohne jeglichen erkennbaren Einfluß. Festes Eisen befand sich dann noch in Form von 6 Gitterstäben von 1.25 m Länge und 1.5 cm Querschnitt und 2 Querstäben an dem Fenster. Die Entfernung dieses Fensters von dem nächsten Variometer betrug 1.9 m.

Die Fernwirkung der durch Z induktorisch magnetisierten Stäbe ist

$$\frac{6\pi\, r^2\, h\, s\, i\, Z}{R^3}$$

für das Deklinatorium $+ 15\,\gamma$. h = Länge, s = spez. Gewicht, i = Induktions-Koeffizient, r = Radius der Stäbe, R = Entfernung zum Magnetometer. Damit dieser Einfluß um $1\,\gamma$ anders wird, muß Z sich ändern um $2612\,\gamma$.

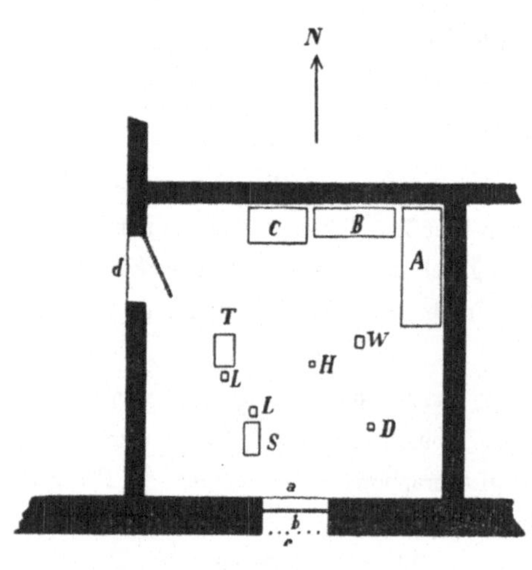

Fig. 25.

Als Fundament dienten 4 mit Kalk- und Kieselsteinen beschwerte Kisten der Expedition, aus denen alle Schrauben und, soweit wie möglich, die Nägel entfernt wurden. Die Aufstellung erhellt aus nebenstehender Figur 25.

Im Raum befanden sich außer den Instrumenten ein Tisch A mit den Nebenutensilien und Ersatzteilen, eine Bank B für die photographischen Papiere und eine Kiste C mit dem Statoskop der luftelektrisch-meteorologischen Station.

Die gegenseitigen Entfernungen der Magnetometer waren:

Wage bis Deklinatorium   1.22 m,
Wage bis Intensitätsvariometer   0.46 m,
Deklinatorium bis Intensitätsvariometer   1.20 m.

Als Deklinatorium D fungierte das Feinmagnetometer Nr. 4; es registrierte auf dem Registrierapparat S von Schulze Nr. 7. Das Magnetometer Nr. 3 war als Horizontalintensitätsvariometer H aufgestellt und verzeichnete seine Bewegungen ebenso, wie die Wage W Nr. 22 auf dem Registrierapparat T von Toepfer. L bezeichnet die Stellung der Registrierlampen.

Bei der Aufstellung und dem Betrieb der Station hatte ich die sorgsame Hilfe unseres Dieners Hahn zur Seite, dem insbesondere die photographische Entwicklung und die Überwachung der Registrierlampen zufiel.

Die Unifilare, äußerlich durchaus gleich aussehend, unterscheiden sich nur durch die Dicke der Quarzfäden. Jener des Deklinatoriums hatte 0.015, der des Horizontalvariometers 0.045 mm Durchmesser.

Der Dreifuß trägt, azimutal verdrehbar, das Gehäuse für den Magneten samt Spiegel und Dämpfer. Der Dämpfer d (vergl. Fig. 26) besteht aus einem Unterteil und einem zweiteiligen Deckel, dessen eine (vordere) Hälfte in der Figur abgenommen ist; sie liegt neben der vorderen Fußschraube. Der Magnet, 24 mm lang und 8 mm breit, sitzt mit Reibung auf einem am Spiegelgehänge festen Zapfen. s_1 ist der untere, s_2 der obere bewegliche Spiegel; sie sind durch einen Aluminiumrahmen miteinander fest verbunden, aber zur Vergrößerung des Registrierbereiches um einen kleinen Winkel in der Horizontalen gegeneinander geneigt. Zwischen ihnen läßt der Rahmen genügend Raum für den festen Spiegel s_3. Letzterer kann nach vorn und hinten parallel verschoben und mittels der Schrauben am Ende seines Trägers in jede Neigung gebracht werden. An der Vorderseite des Gehäuses ist die Linse L oder im Bedarfsfalle ein Deckglas einzuschrauben. Die Fassung beider ist so konstruiert, daß sie zugleich als

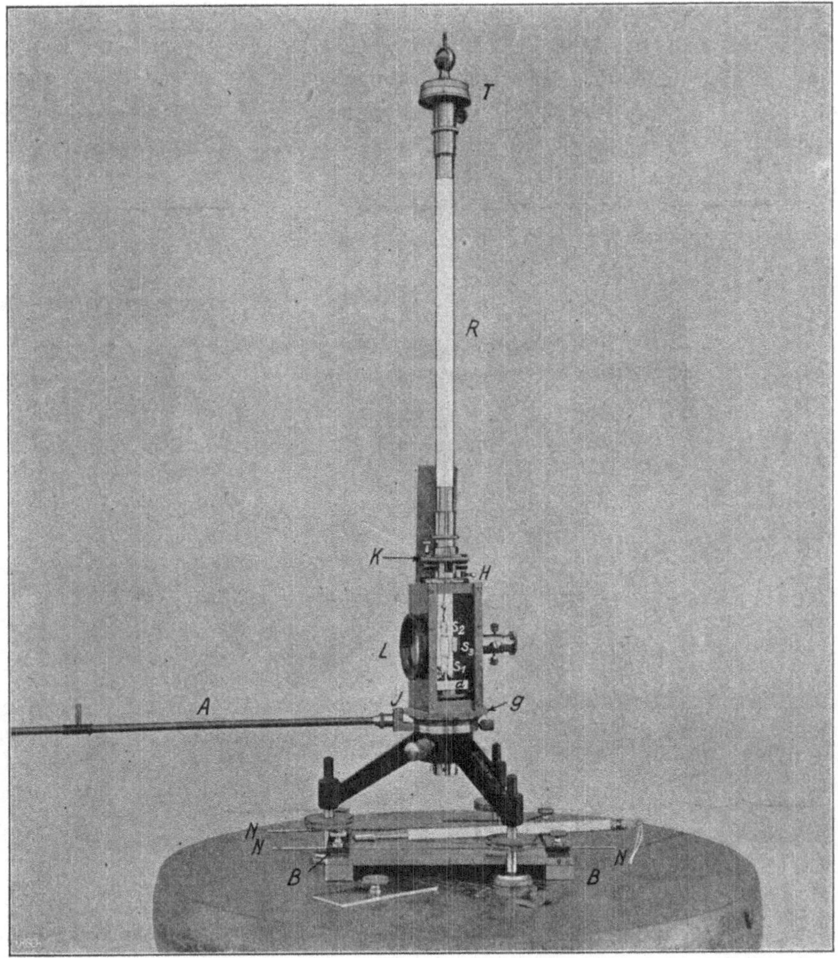

Fig. 26.

Klemmung für einen Träger eines kleinen Fernrohrs mit Skala dienen kann, mit dem Beobachtungen à vision directe ausgeführt werden können. Das Gehäuse ist rechts und links durch Schiebetüren verschließbar, wovon in der Figur die eine hochgeschoben, die andere vorn hingelegt ist. Um den Dreifuß dreht sich auch die Ablenkungsschiene A mit dem Aufsatz für den ablenkenden Magneten. Sie läßt sich in beliebigem Azimut festklemmen. Bei J trägt sie eine kleine Teilung. Ihr entsprechen vier um je 90^0 von einander entfernte Indices an der Grundscheibe g des Gehäuses. Letzteres trägt an seinem oberen Ende die Suspensionsröhre R; sie läßt sich um ihre Längsachse drehen und in der gewünschten Lage mittels des Klemmhebels H feststellen. Die Röhre ist aus Kupfer hergestellt, nicht aus Glas, da, wenn dieses beim Transport zerbräche, der Quarzfaden ebenfalls zerbrechen würde. Am oberen Ende der Röhre befindet sich der Torsionskopf T, am unteren die Klemmvorrichtung V für den Faden. Sie besteht in 2 Backen, die durch Drehen der gerändelten Scheibe K gleichmäßig von beiden Seiten gegen eine Verbreiterung der unteren Fadensuspension gepreßt werden. Diese Fadenklemmung ist ein sehr wesentlicher Bestandteil der Variometer; sie sichert einerseits den Quarzfaden beim Transport gegen vertikale Stöße, denen er nicht standhalten würde, und sorgt andererseits dafür, daß auch nach Entfernen des Magneten der Faden gleich gespannt bleibt. Beim Neueinlegen und Lösen der Klemmung wird sich daher der Faden nicht durch das Gewicht des Magneten verlängern.

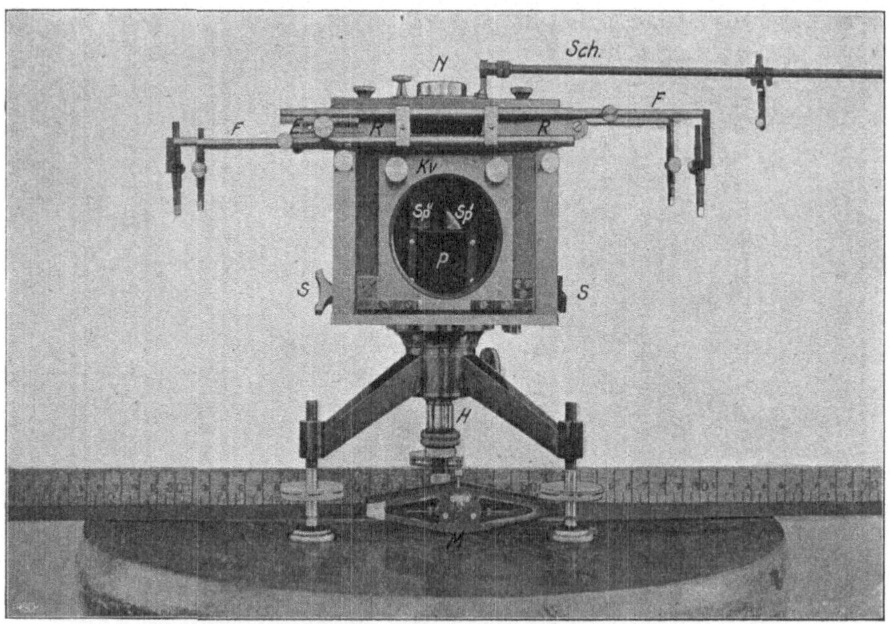

Fig. 27.

Zwischen den Fußschrauben zeigt die Figur 26 die in Burgos benutzte Kompensationsvorrichtung. Sie bestand in einer Messingplatte, die auf ihrer Oberseite eine ungerade Anzahl von Rillen trug, in die lange magnetisierte Nadeln N eingelegt werden konnten. Die Platte ließ sich durch Anziehen kleiner Stellschrauben fest zwischen die drei Fußschrauben einklemmen. Durch die Bügel B konnte man die Kompensationsnadeln N in ihrer Lage fixieren.

Die Wage Schulze 22 ist einmal durch Fig. 27 in Voransicht und durch Fig. 28 in Draufsicht wiedergegeben. Auf dem Dreifuß erhebt sich, im Azimut drehbar, das Gehäuse des

Instrumentes. Es trägt eine vordere Klappe Kv mit der in ihr eingeschraubten Linse und eine obere Klappe Ko, die in der Fig. 28 geöffnet zu sehen ist. Im Innern des Gehäuses befindet sich 1. der Magnet M der Wage (bei Fig. 28 eingelegt, bei Fig. 27 unter dem Instrument liegend), 2. das Prisma P, 3. ein Bourdonthermometer (bei keiner der Figuren sichtbar) mit seinem Spiegel Sp', 4. der feste Spiegel Sp", 5. die Klemmvorrichtung Kl für den Wagemagneten, 6. der Lagerträger T mit dem Achatlager L, 7. der Dämpfer D. Auf der Deckelklappe Ko ist eine Dosenlibelle N befestigt und die Schiene Sch für den Skalenwertmagneten.

Fig. 28.

Der Wagemagnet ist ein Doppelmagnet aus zwei Lamellen gebildet, die bei einem Maximum von magnetischem Momente ein Minimum von Masse besitzen. Sie sind der Massenverteilung nach möglichst symmetrisch gearbeitet und werden durch ein von dem Verfertiger des Instrumentes, Mechaniker G. Schulze zu Potsdam, erdachtes eigenartiges Verfahren so gehärtet, daß sie bei diesem Prozeß keine Verbiegungen erfahren; nebenbei liefert dies Verfahren eine große Gleichmäßigkeit in der inneren Konstitution der Stahlteile. Die Balanzierung kann mit zwei seitlichen Schraubenmuttern, die leicht und gleichmäßig ihre ganze Spindel durchlaufen müssen, bewerkstelligt werden. Die Empfindlichkeit als Wage wird durch eine

Mutter mit vertikaler Spindel verändert. Zwischen den Lamellen ist der Registrierspiegel — ein Glasspiegel in Aluminiumfassung — befestigt. Die in einer Vertikalebene vor sich gehenden Bewegungen des Wagemagneten werden durch das Prisma P in die Horizontalebene verlegt. Dieses Prisma läßt sich um eine horizontale Achse drehen, so daß der Lichtstrahl, den der Magnetspiegel reflektiert hat, gehoben und gesenkt werden kann.

Das Wesentlichste an der ganzen Konstruktion ist nun die eindeutige Lagerung der Drehachse des Systems. Als Ergebnis langjähriger Versuche war die in Burgos benutzte Wage mit Achatlagern versehen, die die Gestalt einer Sattelfläche besaßen, d. h. der Querschnitt in der Ebene der Schneide war eine nach unten konkave Kurve, jener in der hierzu senkrechten eine nach oben konkave, während die ebenfalls aus Achat geschliffene Schneide von einem zum anderen Ende in einem Stück durchging. Die dadurch gegebene Lagerung der Schneide ist eine nur in ganz engem Intervall variabele. Azimutale Drehungen hindert die rechts und links stark ansteigende Sattelfläche; und wenn auch beim Abnehmen und wieder Auflegen der Schneide nicht immer derselbe Schneidenpunkt aufruhen sollte, so ist doch durch das starke Absteigen der Sattelfläche wenigstens der Unterlagspunkt für die Schneide scharf genug bestimmt. Weil aber die Schneide in einem Stück durchgeführt ist, kommt es auf eine Verschiebung in ihrer Längsrichtung nicht so sehr an.

Die Klemmvorrichtung Kl wird mit Hilfe der außen am Gehäuse angebrachten Schrauben S in Tätigkeit gesetzt. Sie greift an überragenden Enden der Schneidenfassung mit möglichst exakt gearbeiteter Parallelführung an, so daß die Auflage auf die Lager gleichzeitig geschieht.

Es ist selbstverständlich, daß sowohl die Bourdonfeder wie der feste Spiegel eine Feineinstellung in Azimut und Höhe besitzen.

Die Dämpfer bestehen aus Kupferplatten, die die 4 Pole des Magneten möglichst nahe umgeben. In der Fig. 28 ist der linke Dämpfer geschlossen, der rechte mit seiner oberen Klappe geöffnet.

Die Eschenhagensche Idee, den Wagemagneten vor seiner Magnetisierung statisch zu äquilibrieren und dann durch einen Rücklenkungsmagneten den magnetisierten Magneten wieder zu horizontieren, sollte ursprünglich und kann auch heute noch durch eine Vorrichtung bewirkt werden, die in Fig. 27 zu erkennen ist. Sie besteht in einer in der Mittelachse zwischen den Füßen angebrachten Hülse H, in welche ein Magnetstab eingeschoben werden kann. Die Hülse trägt ein Gewinde, so daß die Entfernung dieses Magnetstabes von dem Wagemagneten reguliert werden kann.

Die Erfahrung lehrte aber, daß bei der Kompensation durch einen solchen zentralen Magneten die Stabilität der Wage keine sehr gute ist, was namentlich daher rührt, daß der Wagemagnet nicht der ganzen Länge nach in einem genügend homogenen magnetischen Felde schwingt. Daher ging Edler dazu über, die Kompensation durch vier seitlich angebrachte kleinere Magnete vorzunehmen. Die dazu noch unter seiner Anleitung hergestellte mechanische Vorrichtung ist in beiden Figuren zu erkennen. Sie besteht in einem Rahmen RR, der auf das Gehäuse der Wage aufgesetzt wird. Auf der Vorder- und Rückseite trägt er übereinander Messingröhren, in denen sich Stäbchen FF verschieben und in bestimmter Lage festklemmen lassen. An ihren Enden tragen sie die Halter für die vier Kompensationsmagnete. Die Magnete werden mit dem Nordpol nach unten (auf der nördlichen magnetischen Hemisphäre) und nach Augenmaß vertikal und gleich hoch gestellt. Mittels eines Triebes E können die Magnete, jeder gleichzeitig um denselben Betrag, einander genähert und voneinander entfernt werden. Die anfängliche Einstellung der Stäbchen F geschieht möglichst so, daß der Temperaturkoeffizient der Wage null wird (siehe S. 72), der Trieb dient dann zur Feineinstellung.

Die Aufstellung der Apparate.

Die Aufstellung der Instrumente begann am 18. August. Da in Potsdam vor der Ausreise, anfangs Juli, schon eine Voruntersuchung stattgefunden hatte, waren die Brennweiten und die Anzahl und Lage der notwendigen Kompensationsmagnete schon bekannt, so daß die Installation schnell von statten ging.

Zunächst wurden im Laufe eines Vormittags alle drei Variometer aufgestellt und je ein Bogen aufgelegt. Die Deklination registrierte unempfindlich (1 mm $= 1'$). Die H- und Z-Variometer registrierten nur Basispunkte und Temperatur. Alles schnell laufend. Man gewann ein Urteil über die Schärfe der Punkte, d. h. die Exaktheit der Entfernung, der Stellung der Deckgläser und Linsen, die Parallaxe der Punkte, die eventuell notwendige Abblendung der Randstrahlen, das Funktionieren des Schirmvorfalles.

Nachdem diese Daten erhalten und die Aufstellung danach verbessert war, galt es, den Instrumenten die gewünschte Empfindlichkeit zu geben; dies geschah nach dem in folgendem beschriebenen Plane.

Da von den Intensitätsvariometern mit ihren vielen Magneten zu erwarten war, daß sie am Ort des Deklinatoriums das dortige Feld stören könnten, mußte folgendes schrittweise Vorgehen eingehalten werden.

Zunächst mußte bei abwesenden Magneten der Intensitätsvariometer und unempfindlichem Deklinatorium mit dem Skalenwertmagneten an letzterem Instrumente ein Satz Ablenkungen durchgeführt werden und zwar bei derselben Entfernung und derselben Hauptlage, wie dies auch später innegehalten werden sollte. Da der Skalenwert dann lediglich von der Entfernung Deklinatorium—Registrierwalze und dem Torsionsverhältnis abhängt, indem $e_0 = \dfrac{1718'9}{A} (1 + \Theta)$, so erhält man in dem Ausschlag ω_0 ein Maß für das Moment des Skalenwertmagneten.

Werden danach nun die Intensitätsvariometer mit ihren Magneten versehen, so ruft der Skalenwertmagnet am Deklinatorium in sonst derselben Lage einen etwas anderen Ausschlag ω_1 hervor, da durch die Fernwirkung der neu hinzugekommenen Magnete der Skalenwert e_0 des Deklinatoriums ein anderer, nämlich e_1 geworden ist.

Ist nun drittens auch das Deklinatorium durch Unterlegen der Kompensationsmagnete empfindlich gemacht, so ruft der Skalenwertmagnet Ablenkungen ω_2 hervor, da die Empfindlichkeit e_2 beträgt.

Hat sich das Moment des Magneten inzwischen nicht geändert, so ist offenbar

$$\omega_0 e_0 = \omega_1 e_1 = \omega_2 e_2,$$

also

$$e_2 = \frac{\omega_1 e_1}{\omega_2} = \frac{\omega_0 e_0}{\omega_2}.$$

Ist dies die Prozedur am Anfang der Beobachtungsserie, so mußte sie am Ende gerade umgekehrt vor sich gehen, so daß die Bestimmung von ω_0 und e_0 den Schluß bildete.

Die beabsichtigte Empfindlichkeit von $e_2 = {}^1/_2$ Bogenminute pro mm, wurde, gestützt auf die Voruntersuchung in Potsdam ohne weiteres sofort erreicht. Ebenso ergab gleich die erste Bestimmung der Empfindlichkeit des Horizontalvariometers die gewünschte Größenordnung von 1—2γ pro mm. Dagegen wurde eine genügende Empfindlichkeit der Wage erst allmählich zustande gebracht, so daß die ersten verarbeiteten Tage noch große Skalenwerte besaßen.

Nachdem der Schirmfall der Registrierapparate an Hand eines Uhrvergleiches mit dem Chronometer der Station der Madrider Sternwarte nach Greenwicher Zeit eingestellt war, konnte die Aufstellung der Apparate am Mittag des 22. August als im wesentlichen beendet gelten. Schwierigkeiten machte einzig noch die Lampe des Deklinatoriums, indem sie anfänglich die Neigung verriet, Ruß anzusetzen. Da sie nicht für das erhältliche Petroleum konstruiert war, mußte man die in den ersten 12 Stunden recht variable Flammenhöhe dauernd regulieren, worauf sie die weiteren 12 Stunden regelmäßig brannte; man durfte sie nicht, wie in den ersten Tagen geschehen, abends auffüllen.

Die Skalenwertbestimmungen der Intensitätsvariometer.

Indem die Abwesenheit eines oberen Index bedeute, daß die betreffende Größe sich auf das Deklinatorium beziehe, während alles auf das Horizontalvariometer Bezügliche durch einen, alles auf die Wage Bezügliche durch zwei obere Indices bezeichnet sei, berechnen sich die Skalenwerte nach den Formeln

$$ e' = \frac{\omega_2}{\omega'}\, e_2\, H\, \mathrm{tg}\, 1' $$

$$ e'' = \varkappa\, \frac{\omega_2}{\omega''}\, e_2\, H\, \mathrm{tg}\, 1'. $$

Hierin ist

H die zu 0.22 angenommene Horizontalintensität zu Burgos,

$\varkappa$ ein Faktor, der die verschiedene Gestalt des Skalenwert- und des Wagemagneten berücksichtigt.

Die Formeln gelten für den Fall, daß je am Deklinatorium und am Intensimeter in der gleichen Hauptlage abgelenkt wurde. Bei der Wage war nur die zweite Hauptlage herzustellen; trotzdem mußte, um Standänderungen der Wage zu verhindern, an den Unifilaren in erster Hauptlage abgelenkt werden. Es tritt dann anstelle von ω'' bei der Wage $2\,\omega'$ in erster Annäherung.

e_0 wurde, wie oben beschrieben, am Anfang und am Schluß der ganzen Serie bestimmt. Eine Skalenwertbestimmung der Intensimeter bestand aus einem Satz Ablenkungen am Deklinatorium, einem weiteren am Horizontalintensitätsvariometer, einem folgenden an der Wage und einem Schlußsatz am Deklinatorium. Die beiden Deklinatoriumssätze sollen die Konstanz des Momentes des Skalenwertmagneten prüfen. Die Ablenkungen geschahen stets nur aus einer Entfernung, aber von beiden Seiten und in beiden Pollagen des Skalenwertmagneten.

Die definitive Berechnung erfolgte erst nach der Rückkehr von der Reise. Inzwischen waren die Bögen genügend getrocknet, so daß eine Korrektion auf Verzerrung des Papiers nicht mehr angebracht werden mußte. Als Beispiel folge die zweite Bestimmung vom 24. August. Beim Deklinatorium wurden oberer und unterer Rand der Kurve abgelesen; die unter Deklination stehenden Zahlen sind die Mittel aus beiden Lesungen. Aus der Ruhelage vor- und nachher ergibt sich die Korrektion auf Variation in mm, reduziert auf den Stand der ersten Ruhelage. Die 12 Lesungen entsprechen 3 mal den 4 möglichen Stellungen des Skalenwertmagneten, nämlich

Magnet Ost,   Nordpol West   Punkt 1, 5, 9

„ West, „ Ost „ 2, 6, 10

„ West, „ West „ 3, 7, 11

„ Ost, „ Ost „ 4, 8, 12.

Bei dem Intensitätsunifilar sind die vier Hauptstellungen

Magnet Süd,   Nordpol Nord

„ Nord, „ Süd

„ Nord, „ Nord

„ Süd, „ Süd.

Da die H-Kurve dünner war, wurden nicht oberer und unterer Rand abgelesen, sondern es wurden zwei unabhängige Ablesungen auf die Mitte vorgenommen. Die unter Intensitätsvariometer stehenden Zahlen sind die zugehörigen Mittel.

Bei dem Vertikalintensitätsvariometer wurden die den Ablenkungen entsprechenden Ruhelagen wie bei einer physikalischen Wage aus einer ungeraden Anzahl von Umkehrpunkten bestimmt. Die unter Wage stehenden Zahlen sind die so erhaltenen Werte. Die Ablenkungen folgten in unserem Beispiel einander nach dem Schema

3 mal: Magnet Süd,   Nordpol oben

„ Nord, „ „

und 3 mal: „ Nord, „ unten

„ Süd, „ „

Besser, und daher auch meist angewandt ist die Folge

Magnet Süd,   Nordpol oben

„ „ „ unten

„ Nord, „ oben

„ „ „ unten.

Nebenbei sei bemerkt, daß die Folge

Magnet Süd,   Nordpol oben

„ Nord, „ „

„ Nord, „ unten

„ Süd, „ „

die am wenigsten zu empfehlen ist, da bei der Drehung der Ablenkungsschiene von der einen zur anderen Seite die Ablenkung sich so wenig ändert, daß eine Trennung der zu der ersten von den zu der zweiten Lage gehörigen Elongationen auf dem Registrierbogen nicht immer leicht ist.

Es ist stets mit $^1/_{100}$ mm gerechnet, die jedoch nur Rechengrößen sind.

1. Deklinatorium (vorher).

	Rhl.	Pkt. 1	2	3	4	5	6	7	8	9	10	11	12	Rhl.
Ablesung . .	68.75	58.45	78.55	57.35	78.25	57.30	78.10	57.30	77.55	57.30	77.60	57.40	77.80	67.48.
Korr. auf Var.		+ 0.10	0.20	0.29	0.39	0.49	0.59	0.68	0.78	0.88	0.98	1.07	1.17	+ 1.27
Korr.-Abl. . .		58.55	78.75	57.64.	78.64	57.79	78.69	57.98	78.33	58.18	78.58	58.47	78.97	68.75
ω_2			20.20		21.00		20.90		20.35		20.40		20.50	
Mittel . . .			20.60					20.62				20.45		

Gesamtmittel $\omega_2 = 20.56$.

2. Horizontalintensitätsvariometer.

	Rhl.	Pkt. 1	2	3	4	5	6	7	8	9	10	11	12	Rhl.
Ablesung . .	42.80	63.45	18.55	62.75	17.80	63.10	17.60	62.05	19.90	62.45	20.05	62.88	20.60	41.95
Korr. auf Var.		+ 0.06	0.13	0.20	0.26	0.33	0.39	0.46	0.52	0.59	0.65	0.72	0.78	+ 0.85
Korr.-Abl. . .		63.51	18.68	62.95	18.06	63.43	17.99	62.51	20.42	63.04	20.70	63.60	21.38	42.80
ω'			44.83		44.89		45.44		42.09		42.34		42.22	
Mittel . . .			44.86					43.76				42.28		

Gesamtmittel $\omega' = 43.63$.

3. Wage Schulze 22.

	Rhl.	Pkt. 1	2	3	4	5	6	7	8	9	10	11	12	Rhl.
Ablesung . .	75.10	84.97	84.16	84.80	84.34	84.91	84.02	70.22	69.94	69.62	70.04	69.70	69.54	75.23.
Korr. auf Var.		− 0.01	0.02	0.03	0.04	0.05	0.06	0.07	0.08	0.09	0.10	0.11	0.12	− 0.13
Korr.-Abl. . .		84.96	84.14	84.77	84.30	84.86	83.96	70.15	69.86	69.53	69.94	69.59	69.42	75.10
			84.55		84.54		84.41		70.00		69.74		69.50	

$$\omega''\quad \begin{matrix}(1,\ 2,\ 7,\ 8) & 14.55\ \text{mm} \\ (3,\ 4,\ 9,\ 10) & 14.80\ » \\ (5,\ 6,\ 11,\ 12) & 14.91\ »\end{matrix}\ \Big\}\ \text{Gesamtmittel } 14.75.$$

4. Deklinatorium (nachher).

	Rhl.	Pkt. 1	2	3	4	5	6	7	8	9	10	11	12	Rhl.
Ablesung . .	68.40	78.55	58.60	78.90	58.85	78.90	58.95	79.25	58.60	78.95	58.90	79.70	59.35	69.70
Korr. auf Var.		− 0.10	0.20	0.30	0.40	0.50	0.60	0.70	0.80	0.90	1.00	1.10	1.20	− 1.30
Korr.-Abl. . .		78.45	58.40	78.60	58.45	78.40	58.35	78.55	57.80	78.05	57.90	78.60	58.15	68.40
ω_2			20.05		20.15		20.05		20.75		20.15		20.45	
Mittel . . .			20.10					20.40				20.30		

Gesamtmittel $\omega_2 = 20.27$.

Die hier in extenso mitgeteilten Zahlen gestatten einen Einblick in die innere Übereinstimmung der Resultate; hierbei ist jedoch zu bedenken, daß man es mit einer temporären Aufstellung zu tun hat. Es ist in einem ständigen Observatorium leicht, die innere Übereinstimmung in noch besserer Güte zu erhalten. Bei den Unifilaren bilden die Punkte 1—4, 5—8, 9—12, bei der Wage 1, 2, 7, 8; 3, 4, 9, 10; 5, 6, 11, 12 je eine vollständige Bestimmung von ω_2 resp. ω' und ω'', aus der alle magnetischen Asymmetrien herausgefallen sind; aus ihren Abweichungen gegen das Gesamtmittel lassen sich daher die mittleren Fehler des Gesamtmittels berechnen. Bei unserem Beispiel sind dieselben

1. Deklinatorium (vorher) . . . . + 0.054 mm
2. Horizontalvariometer . . . . + 0.747 $_r$
3. Wage Schulze 22 . . . . + 0.107 $_-$
4. Deklination (nachher) . . . . + 0.088 $_n$

Das Beispiel gibt mit $H = 0.22$, $e_2 = 0.4627$, $\varkappa = 1.052$: $e' = 1.386\ \gamma$, $e'' = 2.156\ \gamma$.

Bei den mitgeführten Instrumenten haben verschiedene Umstände dahin gewirkt, daß, abgesehen von der verschiedenen Hauptlage, die Ablenkungen an den Unifilaren nicht direkt vergleichbar mit denen an der Wage waren. Da man dem Wagemagneten eine gewisse Schwere und große magnetische Hebelarme geben muß, so erhält er eine ganz andere Gestalt und dementsprechend eine andere Verteilung des Magnetismus als der den Unifilarmagneten gleichgestaltete Skalenwertmagnet. Die Ablenkungsfunktion ist daher bei den Unifilaren eine andere wie bei der Wage. Man darf also in die Formel für den Skalenwert der Wage nicht einfach die zugehörige Ablenkung ω am Unifilar einsetzen, sondern einen Wert $\varkappa\,\omega$. Wie dieses $\varkappa$ als Verhältnis der Ablenkungsfunktionen durch direkte Beobachtung ermittelt werden kann, ist z. B. in den „Ergebnissen der magnetischen Beobachtungen in Potsdam in den Jahren 1890 und 1891" S. LIII gezeigt.

Diesmal wurde jedoch ein indirekter Weg eingeschlagen, da er bequemer und doch gleich sicher war. Nachdem die Instrumente von Burgos zurückgekommen waren, wurde die Wage Schulze Nr. 22 im Nordzimmer des absoluten Observatoriums in Potsdam aufgestellt, eine Skalenwertbestimmung durch Ablenkungen mit demselben Magneten bei zwei verschiedenen Empfindlichkeiten ausgeführt. Die Ablenkungen ω'' lieferten so den genäherten Skalenwert $\varepsilon'' = \frac{\omega}{\omega''}\,e\,H\,\mathrm{tg}\,1'$, nämlich das eine Mal $1.013\,\gamma$, das andere Mal $2.816\,\gamma$. Andererseits ergab sich aber aus dem Vergleich der durch die Wage Schulze Nr. 22 registrierten täglichen Variationen mit dem vom Hauptsystem des Potsdamer Observatoriums verzeichneten, daß die wahre Empfindlichkeit der Wage war $e'' = 1.057\,\gamma$ resp. $2.981\,\gamma$, es war also $\varkappa = \frac{e''}{\varepsilon''}$ 1.044 resp. 1.059, im Mittel 1.052.

Es ist nun noch notwendig, auf eine der Burgoser Aufstellung spezielle Eigentümlichkeit einzugehen. Weil die Magnetometer empfindlich aufgestellt waren, durfte der Skalenwertmagnet nur ein schwaches Moment besitzen. Da aber der vor der Ausreise ausprobierte Magnet leider zerbrochen ankam, ein genügend schwacher jedoch nicht zu Gebote stand, so mußten zwei Magnete in inverser Lage übereinandergeklemmt werden, so daß nur die Differenz der Momente wirksam war. Wenn dann der Skalenwertmagnet von der Ablenkungsvorrichtung des Intensitätsunifilars auf jene der Wage, oder von dieser auf jene des Deklinatoriums übertragen wurde, konnte eine gegenseitige Verschiebung der Magnete eintreten. Diese spricht sich am ehesten aus in der Verschiedenheit der ω_2 beim ersten und beim zweiten Deklinatoriumssatz. Über diese ω_2 sei folgende Übersicht gegeben:

vorher	nachher	v — n
20.12	20.47	— 0.35
20.56	20.27	+ 0.29
20.40	19.80	+ 0.60
19.65	20.27	— 0.62
20.32	19.66	+ 0.66

Die durchschnittliche Abweichung ist also 0.5 mm, wobei man annehmen darf, daß gleich große positive und negative Abweichungen gleich wahrscheinlich sind. Das Mittel aus dem Anfangs- und Schlußsatz ist also immer noch unterhalb der Zulässigkeitsgrenze für $\delta\,\omega_2$ genau bekannt. Von dem Schlußsatz der einen bis zum Anfangssatz der nächsten Skalenwertbestimmung blieb der Doppelmagnet unberührt. Die so noch zu verzeichnenden Differenzen entsprechen der natürlichen Änderung des Momentes. Sie waren, wie obige Zahlen zeigen, in Burgos der Reihe nach —0.09, —0.13, +0.15, +0.45 mm, also von der Größenordnung der beobachteten $\delta\omega_2$. Die oben angeführten Differenzen $v - n$ sind also tatsächlich Momentänderungen.

Die Skalenwerte waren:

a) in Deklination bei der Entfernung $A = 179.0$ cm, dem Torsionsverhältnis 0.0031 (vor der Ausreise in Potsdam bestimmt): $e_0 = 0'.9631$; am Anfang der Serie, die Intensimeter schon mit dem Magneten versehen: $e_1 = 0'.9601$; am Ende der Serie, die Intensimeter noch mit den Magneten versehen: $e_1 = 0'.9641$; am Anfang der Serie, Deklinometer empfindlich gemacht: $e_2 = 0'.4627$; am Ende der Serie, Deklinometer noch empfindlich: $e_2 = 0'.4451$. Benutzt wurde der einheitliche Wert $e_2 = 0'.45$.

b) in Horizontalintensität

$$August\ 21\ a.\ m.\ e' = 1.383\ \gamma$$
$$ \text{„}\quad 24\ a.\ m.\ e' = 1.385 \left. \right\} \text{mit Anfang} - e_2$$
$$ \text{„}\quad 24\ p.\ m.\ e' = 1.372$$
$$September\ 2\ a.\ m.\ e' = 1.331\quad \text{mit Ende} - e_2.$$
$$Benutzt\ wurde\ e' = 1.38.$$

c) in Vertikalintensität. Hier wurde, wie erwähnt, die gewünschte Empfindlichkeit erst allmählich erreicht.

$$August\ 21\ a.\ m.\ e'' = 4.434\ \gamma$$
$$ \text{„}\quad 24\ a.\ m.\ e'' = 2.156$$
$$ \text{„}\quad 24\ p.\ m.\ e'' = 1.476^{\cdot}$$
$$ \text{„}\quad 25\ p.\ m.\ e'' = 0.594$$
$$September\ 2\ a.\ m.\ e'' = 0.918$$

Die benutzten Werte waren:

August 19 von 6^h p. m. incl. bis	August 23 2^h p. m. excl.	$e'' = +4.45\ \gamma$
„ 23 „ 2^h p. m. „ „	„ 24 2^h p. m. incl.	$+2.15$
„ 24 „ $2^1/_2{}^h$ p. m. „	„ 24 $6^1/_2{}^h$ p. m.	$+1.50$
„ 24 „ 7^h p. m. „	„ 25 1^h p. m. excl.	$+0.30$
„ 25 „ 1^h p. m. incl. „	„ 26 Mittag	$+0.60$
„ 26 „ Mittag „	„ 27 „	$+0.65$
„ 27 „ „ „	„ 29 „	$+0.70$
„ 29 „ „ „	„ 30 „	$+0.75$
„ 30 „ „ „	„ 31 „	$+0.80$
„ 31 „ „	„ September 1 „	$+0.85$
September 1 „ „	„ Schluß	$+0.90$

Einer besonderen Bemerkung bedarf nur noch der kleine Skalenwert von $0.3\ \gamma$; er ist kein beobachteter, sondern ein durch Vergleich ermittelter. Die hohe Empfindlichkeit, die der Wage vorübergehend erteilt war, wurde nämlich versehentlich früher geändert, als sie beobachtet wurde. Die absoluten Werte der Variationen der Vertikalintensität sind daher nur bekannt am

24. August bis 6^h p. m., am 25. von 1^h p. m. an. Aus dem 23. August und dem 26. August wurde nun der tägliche Gang am 24. und 25. linear für jede Tagesstunde interpoliert. Aus den so für die fehlenden Tagesstunden des 24. und 25. erhaltenen Werten und den Ablesungen an den registrierten Kurven wurde der wahrscheinlichste Wert von e″ für diese Zeitspanne abgeleitet; er ergab sich zu $+\,0.28\,\gamma$. Die Übereinstimmung zwischen Beobachtung und Berechnung ist in den Tagesstunden keine besonders vorzügliche, wesentlich deshalb, weil die lineare Interpolation bei einer richtigen Berechnung nicht angängig wäre, sie reicht zu einer Abschätzung, wie sie hier genügend ist, jedoch aus, namentlich da nur die 6 Abendwerte 7—Mn. in Betracht kamen und ihre Unsicherheit nur mit dem zehnten Teil in das 10tägige Mittel eingeht.

Skalenwert der Temperaturkurve.

Auf die Kompensationsvorrichtung des Deklinatoriums wurde das in $1/2^0$ geteilte Thermometer Nr. 334, auf jene des Horizontalintensitätsvariometers das gleichgeteilte Thermometer Nr. 335 gelegt. Die Wage trug ihr eigenes Thermometer in der Rückwand eingeschraubt. Aus den Ablesungen an diesen Thermometern und den zugehörigen Ordinaten u der Temperaturregistrierung der Bourdon-Feder in der Wage berechnen sich nach der M. d. kl. Qu. folgende Temperaturformeln:

$$\text{Wage } t'' = 20^0.00 + 0^0.59\,(u - 13.52)$$

Hiermit wurden alle Ablesungen aller Variometer auf 20^0 reduziert. Gegen das Wagethermometer hatten die beiden Unifilarthermometer eine Korrektion von $-0^0.5$. Die Übereinstimmung zwischen Beobachtung und Berechnung war eine gute, im Mittel $0^0.45$. Die Empfindlichkeit der Bourdon-Registrierung hängt sehr davon ab, wie fest der Spiegelhalter durch seine 4 Schrauben eingeklemmt ist; je lockerer er aber ist, desto häufiger sind Standverschiebungen durch elastische Nachwirkung. In Burgos war er sehr fest eingeklemmt, worauf der große Skalenwert von $0^0.56$ für den Millimeter zurückzuführen ist.

Da es nicht möglich war, den Temperaturkoeffizienten in Burgos selbst zu bestimmen, mußte dies in Potsdam vorgenommen werden.

Bei den Unifilaren war es nicht durchzuführen, diese Bestimmung nach der Ausreise zu wiederholen, da die Instrumente dringend anderweitig gebraucht wurden. Vor der Ausreise fand zwar eine Bestimmung statt, allein sie mußte mit schnellen Temperaturänderungen vorgenommen werden. Bei dem Deklinatorium traten dabei Verzerrungen der Spiegel ein, so daß kein Temperaturkoeffizient zu erhalten war. Da jedoch die richtende Kraft der Kompensationsmagnete in der Richtung der magnetischen Achse des Deklinationsmagneten wirkt, sind die von den Temperaturänderungen bedingten Variationen klein.

Bei dem Intensitätsunifilar wurde als wahrscheinlichster Wert des Temperaturkoeffizienten vor der Ausreise der Wert $3.86\,\gamma$ pro ^{0}C bestimmt. Er wurde auch für Burgos gültig angenommen. Die an beiden Orten benutzten Kompensationsmagnete waren identisch und lagen in denselben Rillen der Kompensationsvorrichtung. Mit $0^0.59$ als Skalenwert der Temperatur ergibt sich so die Variationsformel für das Intensitätsunifilar zu

$$\Delta H = -\,1.38\,n' + 2.3\,(u - 13.52),$$

gültig für Ablesungen von der oberen Basislinie.

Wegen der Verschiedenheit des vertikalen Feldes in Burgos und Potsdam mußten die Distanzen der Kompensationsmagnete bei der Neuaufstellung in Potsdam andere sein als auf der Station, dementsprechend ist ein anderer Temperaturkoeffizient zu erwarten, beruht doch das Prinzip der Eschenhagenschen Wageaufstellung darin, diejenige Entfernung der Kompensationsmagnete aufzusuchen, bei der die Richtkraft der Kompensationsmagnete durch die Temperaturänderung gerade umgekehrt sich ändert wie die Richtkraft der vertikalen Komponente des Erdmagnetismus durch das Schwächerwerden des Wagemagneten.

Es ist nun der Weg eingeschlagen worden, in Potsdam einmal den Temperaturkoeffizienten bei kompensierter Aufstellung und einmal ohne Kompensationsmagnete zu bestimmen, und aus dem so sich ergebenden Gesetz der Abhängigkeit des Temperaturkoeffizienten von der Entfernung der Kompensationsmagnete den Wert zu errechnen, der der Distanz bei der Aufstellung in Burgos entspricht. Im einen Falle ist die Entfernung r, der Temperaturkoeffizient also

$$a_1'' = \eta + \zeta\, r^{-3}$$

im anderen

$$a_2'' = \eta.$$

Zwei Beobachtungen von a'' sind also notwendig und hinreichend zur Berechnung von η und ζ, d. h. zur Ermittlung des Temperaturkoeffizienten für irgend ein anderes r.

Die Aufstellung der Wage geschah im Nordzimmer des absoluten Observatoriums. Die Regulierung der Temperatur wurde durch Änderung der Flammenhöhe und -zahl bei den Heizöfen und durch Öffnen und Schließen der verschiedenen Schiebetüren der einzelnen Räume bewerkstelligt. Dies Verfahren ist unbedingt der Erwärmung und Abkühlung der Magnete in Bädern vorzuziehen, da der Temperaturkoeffizient dann beide Anteile enthält, jenen der Magnete und jenen der übrigen Metallteile; auch wirken die Veränderungen der Temperatur auf dieselbe Weise ein, wie in Natur. Der Anstieg resp. Abfall der Temperatur wurde früh genug vor der Ablesung gebremst. Die Temperatur wurde den Angaben des in der Rückseite angeschraubten Thermometers entnommen, nicht der registrierten Temperaturkurve. Als zugehörige Ablesung der Wagekurve dienten die Enden der hierzu durch Abdecken der Punkte hervorgerufenen Lücken.

Man erhält den Temperaturkoeffizienten aus dem Unterschied zwischen der bei der Wage Schulze Nr. 22 erhaltenen Variation und der wahren, durch das Hauptsystem des Observatoriums verzeichneten Veränderung der Vertikalintensität.

Dieser Unterschied Δ enthält bei Neuaufstellungen erfahrungsgemäß einen Anteil, welcher einer Basiswertänderung entspricht. Sie wird proportional der Zeit angesetzt, so daß der Unterschied Δ

$$\Delta = a\,\Delta t + b\,\Delta h$$

zu setzen ist, worin Δt die Temperaturänderung, Δh die verflossene Zeit, a der Temperaturkoeffizient und b der Gang des Basiswertes ist. Die Empfindlichkeit wurde aus Zeiten möglichst geringer Temperaturänderungen durch Vergleich mit dem Hauptsystem berechnet.

Die Serie mit Kompensationsmagneten lieferte folgende zueinandergehörige Werte der Temperatur t, der Zeit h und der Differenz Δ

$t =$	$17^0.8$	21.7	28.0	27.0	24.4	20.6	17.5	14.7	13.9	12.8	Mittel	$19^0.8$
$h =$	$8^h.5$	11.3	20.6	21.0	22.0	23.2	24.0	26.2	29.1	31.5	„	$21^h.7$
$\Delta =$	57.5	78.1	90.4	72.4	45.8	30.4	16.6	8.4	7.2	0.0	„	40.5

Die Ausgleichung gibt die Normalgleichungen

$$252\,a - 150\,b = 1373$$
$$-150\,a + 474\,b = -1586,$$

also
$$a = 4.25, \quad b = -1.99.$$

Die danach berechneten Temperaturen führen zu folgenden Werten und Abweichungen gegen die beobachteten

$$17.7 \quad 23.3 \quad 31.1 \quad 26.9 \quad 21.0 \quad 17.4 \quad 13.7 \quad 14.6 \quad 15.1 \quad 15.3$$

beob.—ber. 0.1 —1.6 —3.1 0.1 3.4 3.2 3.8 0.1 —1.2 —2.5.

Diese Differenzen erklären sich daraus, daß die der Luft frei ausgesetzten Kompensationsmagnete die Temperatur rascher annehmen als das mit seinem Gefäß ins Innere hineinragende Thermometer der Wage. Eine Ausgleichung nach drei Variabelen gibt nicht wesentlich bessere Werte.

Die Serie ohne Kompensationsmagnete lieferte folgende zusammengehörige Werte von Temperatur, Zeit und Differenzen Δ.

$$t = 22^0.0 \quad 20.65 \quad 19.0 \quad 15.0 \quad 13.0 \quad 17.5 \quad \text{Mittel } 17^0.7$$
$$h = 7^h.8 \quad 9.0 \quad 10.2 \quad 12.2 \quad 17.0 \quad 31.5 \quad \text{„ } 14^h.6$$
$$\Delta = 0.0 \quad 8.2 \quad 22.5 \quad 17.8 \quad 11.2 \quad 10.3 \quad \text{„ } 11.7.$$

Sie ergeben $a = -1.21$, $b = -0.14$ und folgende Fehler

beob.—ber. —8.6 —0.7 11.9 2.5 —5.9 —4.0.

Im ganzen liefert die Serie 1 . . . . $a_1'' = \eta + \zeta r^{-3} = 4.2$

„ „ 2 . . . . $a_2'' = \eta \phantom{+ \zeta r^{-3}} = -1.2$

In Potsdam war $r = 20.5$ cm. Die Gleichungen liefern also für $r = 33$ cm den Wert Null für den Temperaturkoeffizienten. Bei dieser Entfernung wäre demnach das Eschenhagensche Kompensationsprinzip vollkommen erfüllt gewesen. Die Wage hätte keinen Temperaturkoeffizienten besessen.

In Burgos war $r = 19.1$ cm, also berechnet sich der Temperaturkoeffizient zu $+5\,\gamma$ pro ^{0}C oder im Verein mit dem Skalenwert von $0^0.59$ der dortigen Temperaturkurve zu $3\,\gamma$ pro mm. Die Reduktion auf 20^0 ist demnach $-3\,(u - 13.52)$, die Variationsformel in Z für Burgos

$$\Delta Z = \varepsilon''n'' - 3\,(u - 13.52).$$

Die Temperatur im Registrierraume schwankte während der Expedition von $15^0.2$ bis $23^0.6$, also um $8^0.4$. Für die einzelnen Tage waren die Maxima und Minima die folgenden:

		Max.	Min.	Ampl.	Tagesm.	Interd. V.
August	23	$20^0.6$	$16^0.9$	$3^0.7$	$18^0.8$	$-0^{''}.4$
„	24	21.6	15.2	6.4	18.4	+ 1.3
„	25	21.3	18.1	3.2	19.7	+ 1.3
„	26	22.4	19.6	2.8	21.0	+ 0.1
„	27	23.0	19.2	3.8	21.1	— 0.4
„	28	22.7	18.7	4.0	20.7	— 0.3
„	29	21.7	19.2	2.5	20.4	+ 1.2
„	30	23.0	20.1	2.9	21.6	+ 0.5
„	31	23.6	20.6	3.0	22.1	— 0.3
September	1	23.4	20.3	3.1	21.8	— 1.0
„	2	22.7	18.8	3.9	20.8	
	im Mittel			3.57		

Die Uhrzeiten.

Mit Hilfe eines direkten Vergleiches der Stationsuhr Kittel Nr. 221 mit dem Chronometer Dent Nr. 39948 der von der Sternwarte zu Madrid auf der Hochebene La Lilaila zirka 2150 m südlich von dem magnetischen Observatorium errichteten Finsternisstation wurden die Uhren der photographischen Registrierapparate am 22. August auf mittlere Greenwicher Zeit eingestellt. Des weiteren wurde ihr Gang durch häufige Zeitmarken nach Kittel Nr. 221 festgelegt. Als absolute Zeitbestimmung diente die Beobachtung des zweiten und dritten Kontaktes nach der Uhr Lange.

Entsprechend einer freundlichen Auskunft von seiten des Direktors der Madrider Sternwarte, Herrn Iñiguez, wurden auf der Station Lilaila beobachtet

2. Kontakt $13^h\ 6^m\ 39^s.3$ m. Gr. Z.   3. Kontakt $13^h\ 10^m\ 21^s.3$

während nach Lange war

2. Kontakt $1^h\ 6^m\ 23^s$ 3. Kontakt $1^h\ 10^m\ 4^s$

Dies gibt für Δ Lange beim 2. Kontakt $+16^m.3$, beim 3. Kontakt $+17^m.3$.

Gibt man aus naheliegenden Gründen dem 2. Kontakt das doppelte Gewicht, so ergibt sich Δ Lange $= +16^s.6$.

Fünf Minuten nach der Totalität wurde Lange mit Kittel verglichen; dies gibt für den 30. August Δ Kittel Nr. 221 $= -1^h\ 9^m\ 50^s.0 \mp 0^s.3$. Die Höhe der Korrektion des Chronometers Kittel ist dem zuzuschreiben, daß sie nach mitteleuropäischer Zeit geht.

Für die Mittage der Expeditionstage gelten folgende Korrektionen Kittel gegen mittlere Greenwicher Zeit:

1905 August 22	Δ K. 221 $= -1^h\ 9^m\ 24^s$		1905 August 29	Δ K. 221 $= -1^h\ 9^m\ 47^s$	
„ 23	28		„ 30	50	
„ 24	31		„ 31	53	
„ 25	34		September 1	56	
„ 26	37		„ 2	10	0
„ 27	40		„ 3		3
„ 28	44				

Bei langsamem Lauf entspricht einer Stunde eine Länge von

bei Registrierapparat Schulze Nr. 7 19.47 mm, bei dem von Toepfer 19.97 mm.

Die Schwelle der Ablesegenauigkeit (ohne Nonienablesung) ist 0.1 mm, d. h. $0^m.3$.

Bei raschem Lauf entspricht einer Stunde eine Länge von

bei Registrierapparat Schulze Nr. 7 237.5 mm, bei dem von Toepfer 240.6 mm.

Die Schwelle der Ablesegenauigkeit ist $1^s.2$.

Demnach war die Zeit um das 2- bis 3-fache genauer bekannt, als dieser Schwelle entspricht. Bei der Entnahme der Werte aus den registrierten Verläufen ist natürlich auf die Parallaxe der Kurvenpunkte gegen die Basis Rücksicht genommen worden.

Für die geographischen Koordinaten der Station können unbedenklich jene der spanischen Station auf der Lilaila gesetzt werden, die bereits auf S. 14 angegeben sind.

Die Verarbeitung.

Es liegt in der Natur der Sache, daß aus einer einzigen Station die Frage nicht definitiv gelöst werden kann, ob die Sonnenfinsternis einen und welchen Einfluß sie auf die erdmagnetischen Variationen geäußert hat. Es kann daher nur die Aufgabe der Verarbeitung sein, die Beantwortung der Fragen vorzubereiten. Aus diesem Grunde sind in der vorliegenden Arbeit lediglich die zahlenmäßigen Ergebnisse abgeleitet ohne jegliche Diskussion derselben. Über diesen Rahmen hinaus geht eine Studie im 7. Jahrgang der Physikalischen Zeitschrift, S. 242—248, 1906.

Wenn die Sonnenfinsternis einen Effekt erzeugt, so verrät er sich in der Abweichung von dem in dieser Beziehung ungestörten Verlauf. Wie dieser gewesen wäre, läßt sich nie ermitteln. Durch irgend eine Annahme über ihn kann etwas Falsches in die Untersuchung hineingetragen werden, und nur, wenn trotzdem bei allen untersuchten Sonnenfinsternissen sich derselbe Effekt ergibt, darf er als nachgewiesen gelten.

In der vorliegenden Verarbeitung ist der mehrtägige mittlere Gang der magnetischen Elemente als das Normale angenommen worden. Ein solcher Mittelwert ist wohl definiert und läßt sich an allen anderen Orten gleich bilden.

Um ihn zu erhalten, wurden alle drei Elemente von Stunde zu Stunde den Kurven entnommen und, mit der zugehörigen Temperaturkorrektion auf 20^0 reduziert, in absolutes Maß verwandelt. Es wurde dann das Tagesmittel gebildet nach

$$M = (^1/_2\, a_0 + a_1 + a_2 \ldots\ldots + a_{23} + {}^1/_2\, a_{24}) : 24$$

und mit ihm für jede Greenwicher Stunde die Abweichung vom Tagesmittel berechnet. Aus diesen Abweichungen für jeden Tag wurde sodann für den ganzen Zeitraum die mittlere Abweichung vom Tagesmittel erhalten, natürlich inclusive des Finsternistages.

Bei der Deklination gingen die ersten Tage wegen der oben erwähnten Lampenschwierigkeiten verloren, indem in der Nacht einige Stunden fehlen, ebenso bei der Vertikalintensität der 25. August wegen einer nicht meßbaren Basiswertsänderung (der bewegliche Punkt hatte den Registrierbogen verlassen), so daß sich der mittlere Verlauf bezieht:

in Deklination auf die 8 Tage August 26 bis September 2

in Horizontalintensität „ „ 11 „ „ 23 „ „ 2

„ Vertikalintensität „ „ 10 „ „ 23 „ „ 2 ohne August 25.

Aus den so erhaltenen 25 normalen Werten des Tages wurde der normale Gang in einem solchen Maßstabe gezeichnet, daß Werte für jede Minute des Finsternisintervalls entnommen werden konnten. Diese, mit den beobachteten Abweichungen vom Tagesmittel verglichen, geben als Differenz den Einfluß der Sonnenfinsternis. Wie oben bemerkt, ist in dem mehrtägigen mittleren Gang der Elemente der Finsternistag selbst enthalten; dadurch wird der mittlere Gang während der Zeit der Finsternis bei D um $^1/_8$, bei H um $^1/_{11}$, bei Z um $^1/_{10}$ verkleinert. Die nachher gebildeten Abweichungen vom mittleren Gang am Tage der Finsternis fallen also etwas zu klein aus. Dazu kommt, daß das Tagesmittel am 30. August, von dem die Abweichungen für jede Minute berechnet sind, ebenfalls den Störungseinfluß schon enthält.

Dies sei hier nur einfach bemerkt; ein wesentlicher quantitativer oder gar qualitativer Einfluß ist nicht zu erwarten.

Man erhält die beobachteten Werte aus den Schnellregistrierungen, aus den Kurven mit großer Zeitskala. Diese Aufzeichnungen begannen um $9^3/_4{}^h$ a. m. und endigten $3^1/_2$ p. m. rund, so daß sie die ganze Zeit umfassen, während welcher die Finsternis auf der Erde überhaupt zu sehen war. Zum Vergleich wurde am nächsten Tage von $11^3/_4$ a. m. bis $1^1/_2$ p. m. ebenfalls schnell laufend registriert. Diesen Kurven wurden die Werte von Minute zu Minute von $10^h.0^m$ a. m. bis $3^h.38^m$ p. m. am 30. August und um $11^h.44^m$ a. m. bis $1^h.31^m$ p. m. am 31. August entnommen. Der Einfluß der Finsternis ist dann in dem Sinne gebildet beobachtete minus normale Abweichung vom Tagesmittel; ein negatives Vorzeichen dieser Größe bedeutet also, daß das betreffende Element unter den normalen Wert herunterging. Selbstverständlich sind die beobachteten Werte auf 20^0 reduziert worden.

Bei den langsam laufenden Kurven ist bei der ersten Lesung der obere, bei der zweiten der untere Rand der Kurven abgelesen worden, bei den schnell laufenden zweimal die Mitte der Linie, so daß Ablesefehler nahezu ausgeschlossen sein dürften.

Schließlich sind aus den Schnellregistrierungen noch die Werte der drei Elemente für Intervalle von 10 Sekunden für den Zeitraum der Totalität entnommen worden. Die Ergebnisse sind zusammengefaßt in folgenden Tabellen.

Tabellen.

a) Beobachtungen in Burgos.

XIV. **Stündliche Werte der Abweichungen vom Tagesmittel.** Die Tabelle enthält für jede volle Greenwicher Stunde die Abweichung vom Mittel des betreffenden Tages und daraus berechnete mittlere Abweichungen vom Tagesmittel für jede Tagesstunde.

XV. **Beobachtete Abweichungen vom Tagesmittel für jede mittlere Greenwicher Minute von 10^a bis 3^p 38^m für August 30,** nach den Feinregistrierungen und berechnet unter Zugrundelegung des Tagesmittels vom Tage der Finsternis.

XVI. **Unterschied gegen die normale Abweichung vom Tagesmittel für jede mittlere Greenwicher Minute für August 30.** Die normalen Abweichungen für jede Minute sind, wie im Texte geschildert, aus den Werten in Tabelle XIV graphisch ermittelt worden. Die vorliegende Tabelle enthält für den Tag der Finsternis die Unterschiede der Werte in Tabelle XV gegen die normalen Abweichungen.

Die westliche Deklination ist in Bogenminuten angegeben, die östliche Deklination in γ. Außerdem sind die entsprechenden Abweichungen der beiden horizontalen Komponenten (X = Nordsüd-, Y = Westostkomponente) berechnet worden. Die benutzten Formeln waren

$$\Delta D^\gamma = -6.38 \ \Delta D^{(')}$$
$$\Delta X = 0.961 \ \Delta H + 0.276 \ \Delta D^\gamma$$
$$\Delta Y = -0.276 \ \Delta H + 0.961 \ \Delta D^\gamma$$

Sie beruhen auf den Grundwerten

$$H_0 = 0.22 \ \Gamma, \ D = 16^0 \ W.$$

Die Lücken in der Tabelle XVI entsprechen den durch den Bogenwechsel und die Zeitmarken verursachten Unterbrechungen der Registrierung; bei der Horizontalintensität sind außerdem die Kurven an einigen Stellen verwaschen, weil vorübergehend Luftströme das Gehänge in Schwingungen versetzten.

XVII. **Beobachtete Abweichungen vom Tagesmittel für jede mittlere Greenwicher Minute von 11^a 44^m bis 1^p 30^m für August 31;** beruht auf den Feinregistrierungen vom Tage nach der Finsternis.

XVIII. **Unterschied gegen die normale Abweichung vom Tagesmittel für jede mittlere Greenwicher Minute für August 31.** Ganz entsprechend Tabelle XVI berechnet und für den Tag nach der Finsternis gültig.

XIX. **Variationen von 10 zu 10 Sekunden während der Totalität.** Als Ausgangspunkt ist der Stand der Variometer im Momente des zweiten Kontaktes, d. h. des Beginnes der Totalität genommen. Die Azimute zählen astronomisch von Nord über Ost. Die Werte von ΔH zur 130., 140. und 150. Sekunde fallen in ein Gebiet, wo Luftströme vorhanden waren. Die Mitte der Totalität liegt bei der 110. Sekunde. Die Azimute der elektrischen Vektoren sind unter der Annahme berechnet, die Störungsursache läge außerhalb der Erdrinde.

Tab. XIV.

Stündliche Werte der Abweichungen vom Tagesmittel in Burgos.

Positiv, wenn Wert größer als das Mittel.

Tab. XIV.
Gr. M. Z.

Westl. Deklination (in Bogenminuten)

Datum	Mn	1^a	2^a	3^a	4^a	5^a	6^a	7^a	8^a	9^a	10^a	11^a	Mg	1^p	2^p	3^p	4^p	5^p	6^p	7^p	8^p	9^p	10^p	11^p	Mn
Aug. 26	−1.0	−0.3	−1.8	+1.1	−2.4	−2.5	−4.5	−6.8	−8.9	−6.3	−1.8	+5.1	+9.2	+7.3	+7.2	+6.1	+3.2	+1.2	+0.4	+0.5	−0.3	−0.7	−0.9	−1.2	−1.8
27	−0.1	−1.1	−4.3	−1.8	+0.5	−4.9	−5.3	−6.5	−8.1	−6.1	−1.7	+3.1	+6.5	+7.5	+9.0	+7.5	+4.4	+2.0	+0.9	0.0	−0.1	−0.2	−0.3	−0.2	−0.5
28	−0.3	−0.7	−1.7	−1.8	−1.6	−4.0	−4.8	−9.4	−9.5	−8.0	−4.9	+3.0	+8.7	+13.6	+13.6	+12.2	+8.0	+4.3	+1.5	−0.6	−9.4	−2.4	−4.3	−1.2	−1.1
29	−1.1	+0.6	−2.6	−3.6	+0.9	−6.2	−7.8	−9.6	−3.8	−6.8	−3.7	+5.2	+11.1	+15.0	+15.0	+9.5	+6.0	+3.2	−0.8	−4.0	+0.2	−0.4	−5.8	−9.5	−1.1
30	−1.3	−2.0	−0.9	−1.0	+3.3	−5.0	−6.0	−3.8	−5.7	−3.6	−1.0	+7.3	+7.7	+7.8	+11.7	+11.9	+3.0	+0.5	−1.6	−1.8	−1.0	−3.5	−1.9	−6.0	−7.0
31	−6.0	−4.2	−3.3	−2.4	−4.0	−5.0	−3.0	−5.0	−8.0	−5.4	+1.0	+10.2	+14.4	+14.6	+13.8	+10.4	−1.2	−1.2	+0.4	−1.0	−6.8	+0.6	0.0	−1.3	−7.6
Sept. 1	−7.5	−5.6	−0.6	−1.5	−2.3	−4.3	−6.4	−9.5	−10.0	−7.4	+0.1	+7.0	+10.4	+14.2	+11.9	+8.5	+5.1	+1.9	−0.5	−0.9	+0.2	−0.9	−1.1	−0.8	−0.8
2	−0.9	−0.6	−0.6	−4.6	+0.2	−5.9	−7.5	−9.9	−11.9	−10.1	−0.4	+0.1	+6.7	+13.5	+14.1	+10.6	+5.6	+1.5	+1.0	−1.9	+0.5	−0.1	0.0	−0.1	+0.5
Mittel . .	−2.28	−1.74	−1.98	−1.95	−0.68	−4.72	−5.66	−7.56	−8.24	−6.71	−1.55	+5.12	+9.34	+11.69	+12.04	+9.59	+4.26	+1.68	+0.16	−1.21	−2.09	−0.95	−1.79	−2.54	−2.42

Horizontalintensität

Datum	Mn	1^a	2^a	3^a	4^a	5^a	6^a	7^a	8^a	9^a	10^a	11^a	Mg	1^p	2^p	3^p	4^p	5^p	6^p	7^p	8^p	9^p	10^p	11^p	Mn
Aug. 23	+ 2	+ 5	+ 5	+ 4	+ 5	+ 3	+ 4	+ 3	+ 1	− 2	− 3	+ 1	+ 1	+ 3	− 1	− 3	− 7	−10	− 2	− 2	− 2	− 1	− 1	− 2	− 1
24	+ 8	+ 4	+ 4	+ 7	+ 8	+10	+ 5	+ 3	−15	−17	− 6	+12	+23	+12	+18	0	−13	−11	−10	+ 1	− 7	− 6	−10	− 9	−10
25	+ 9	+ 8	+10	+14	−16	+10	+11	+ 3	− 6	− 1	− 6	− 6	+ 5	+ 5	− 8	−22	−23	−29	−10	− 3	− 4	− 5	− 1	0	0
26	− 6	− 5	+ 1	+ 2	− 2	− 8	− 6	−10	−20	−18	−14	− 2	+ 7	+11	+ 2	+ 1	− 2	− 2	+ 8	+ 9	+13	+13	+12	+10	+13
27	0	+13	+14	− 6	+ 4	+ 1	− 7	−10	−12	− 8	−11	− 4	+ 8	+ 7	+ 4	− 2	− 4	− 2	+ 1	+ 4	+ 4	+ 2	+ 2	+ 1	0
28	+14	+15	+17	+18	+16	+12	+14	+ 5	−13	−16	−16	− 8	− 4	+ 3	− 4	−10	−13	−21	−13	0	−11	− 2	+ 1	+13	+23
29	+14	+22	+10	+ 3	+ 5	+ 7	0	−10	−38	− 9	+ 4	+15	+19	+ 5	−16	−31	−26	−22	0	+ 2	+ 5	+ 8	+ 9	+34	− 3
30	+ 5	+12	+10	+13	+30	+11	− 5	−16	−23	−33	−17	−29	−12	− 1	−12	− 9	− 4	+ 4	+ 4	+ 7	+12	+13	+15	+26	+ 8
31	+ 2	+ 1	− 4	− 2	− 3	− 7	−18	−15	−25	−37	−28	−13	−22	+12	+10	+ 6	+32	+12	+ 3	+14	+39	+ 9	+ 9	+15	+17
Sept. 1	+12	0	− 3	− 2	+ 2	− 3	− 4	−16	−26	−26	−21	− 8	+ 1	+ 6	+ 9	+11	+ 8	+ 8	+ 7	+10	+10	+ 9	+ 8	+ 8	+ 9
2	+ 2	+ 4	+ 2	+ 7	+ 4	+ 4	− 3	−10	−19	−29	−27	−18	− 3	+ 6	+12	+16	+ 4	+ 3	− 1	+10	+10	+ 6	+11	+ 7	+ 5
Mittel . .	+ 5.6	+ 7.2	+ 6.0	+ 5.3	+ 7.7	+ 3.6	− 0.8	− 6.6	− 17.8	− 17.8	− 13.2	− 5.5	+ 2.1	+ 6.3	+ 1.4	− 3.9	− 4.4	− 6.4	− 1.2	+ 4.7	+ 6.3	+ 4.2	+ 5.0	+ 9.4	+ 5.5

Vertikalintensität

Datum	Mn	1^a	2^a	3^a	4^a	5^a	6^a	7^a	8^a	9^a	10^a	11^a	Mg	1^p	2^p	3^p	4^p	5^p	6^p	7^p	8^p	9^p	10^p	11^p	Mn
Aug. 23	+17	+12	+14	+11	+10	+10	+ 8	+9	+ 6	−4	−16	−24	−29	−26	−15	−7	+ 1	+ 7	+ 3	+ 4	+ 6	+ 6	+ 4	+ 4	+ 1
24	+ 8	+ 8	+ 7	+ 3	+ 1	0	+ 4	+8	+12	+4	− 4	− 3	−10	−11	− 9	−6	− 4	+ 4	+ 4	− 4	− 2	− 1	0	− 2	− 2
26	+14	+12	+ 9	+ 8	+ 7	+ 6	+ 6	+6	+ 4	−5	−14	−21	−22	−16	− 9	−7	− 2	+ 3	+ 1	+ 4	+ 4	+ 5	+ 5	+ 4	+ 3
27	+10	+ 5	+ 5	+10	0	+ 1	+ 3	+3	+ 3	0	− 3	−12	−14	−14	−16	−9	− 3	+ 2	+ 4	+ 5	+ 6	+ 6	+ 6	+ 6	+ 6
28	+ 6	+ 4	+ 4	+ 2	0	+ 1	0	+6	+ 6	−5	−11	−22	−25	−26	−20	−8	+ 4	+ 9	+10	+11	+16	+16	+15	+ 9	+ 4
29	+ 6	+ 6	+ 4	+ 8	+ 4	+ 6	+ 6	+8	+ 3	−8	−19	−28	−28	−22	− 4	+8	+ 8	+14	+ 8	+ 6	+ 6	+ 3	+ 2	+ 3	+ 2
30	+13	+ 8	+ 9	+ 6	− 1	+ 3	+ 5	+6	+ 2	−4	−16	−17	−21	−18	−20	+2	+ 7	+14	+14	+ 7	+ 6	+ 4	+ 1	− 4	− 2
31	+17	+14	+12	+ 9	+10	+10	+12	+6	+ 6	+1	−10	−21	−30	−28	−16	−2	+ 4	+13	+ 8	+ 2	− 3	+ 1	− 1	− 3	− 3
Sept. 1	+12	+15	+10	+ 8	+ 6	+ 9	+ 8	+9	+ 5	−2	− 8	−19	−32	−27	−18	−6	− 2	+ 2	+ 6	+ 6	+ 6	+ 6	+ 5	+ 4	+ 8
2	+ 2	+ 1	0	+ 1	− 2	0	+ 2	+6	+ 2	−3	−15	−28	−29	−30	−15	+1	+10	+15	+17	+13	+14	+13	+11	+10	+10
Mittel . .	+10.4	+ 8.5	+ 7.4	+ 6.6	+ 3.5	+ 4.6	+ 5.4	+6.7	+ 4.9	− 2.6	− 11.6	− 19.5	− 24.0	− 21.8	− 14.2	− 3.4	+ 2.3	+ 8.3	+ 7.5	+ 5.4	+ 5.9	+ 5.9	+ 4.8	+ 3.1	+ 2.7

Tab. XV. Beobachtete Abweichungen vom Tagesmittel für jede mittlere Greenwicher Minute von 10ᵃ bis 3ᵖ 38ᵐ für August 30 in Burgos. Tab. XV.

+ bedeutet Werte über, — Werte unter dem Tagesmittel.

Östl. Deklination

m	10a	11a	0p	1p	2p	3p
	γ	γ	γ	γ	γ	γ
0	+ 3.0	−20.4	−22.2	−22.2	−34.4	−33.9
1	+ 1.7	−21.4	−20.8	−23.4	−32.4	−32.9
2	+ 0.4	−20.7	−21.1	−24.4	−33.0	−32.7
3	+ 0.1	−20.5	−22.0	−24.4	−33.6	−32.4
4	− 0.6	−20.0	−20.1	−24.1	−34.2	−32.0
5	− 1.6	−20.0	−19.8	−23.5	−34.0	−33.4
6	− 1.7	−19.4	−18.4	−22.4	−33.9	−35.6
7	− 1.0	−17.5	−18.1	−21.7	−34.2	−36.9
8	− 1.4	−15.9	−18.4	−23.0	−33.3	−37.7
9	− 2.6	−17.1	−17.6	−24.4	−34.0	−37.9
10	− 4.3	−17.8	−17.4	−25.0	−34.4	−35.9
11	− 3.7	−17.6	−17.6	−25.8	−34.9	−34.2
12	− 4.2	−17.4	−17.8	−26.3	−35.2	−33.7
13	− 4.0	−17.4	−20.2	−26.3	−35.4	−33.6
14	− 4.0	−17.1	−20.5	−26.7	−35.7	−33.9
15	− 5.9	−17.5	−19.1	−27.1	−36.3	−33.4
16	− 6.2	−17.9	−18.9	−27.6	−37.3	−33.2
17	− 3.7	−18.7	−20.4	−27.4	−38.2	−33.6
18	− 3.2	−17.5	−23.2	−27.7	−39.5	−34.2
19	− 4.6	−18.1	−23.7	−28.1	−39.5	−32.4
20	− 5.3	−17.6	−22.7	−28.8	−39.2	−30.1
21	− 5.7	−18.4	−21.7	−29.3	−39.9	−30.3
22	− 5.9	−19.8	−19.5	−29.8	−40.5	−30.6
23	− 6.3	−20.1	−16.9	−30.3	−40.9	−29.8
24	− 7.0	−20.1	−16.9	—	−41.0	−29.1
25	− 8.0	−19.1	−15.6	—	−42.2	−29.6
26	− 8.9	−18.8	−14.9	—	−42.2	−31.1
27	− 8.8	−17.5	−14.2	—	−41.3	−30.0
28	− 9.0	−16.8	−16.5	—	−40.6	−30.4
29	− 8.8	−15.8	−19.2	−31.1	−40.5	−30.4
30	− 9.3	—	−22.0	−31.7	−40.5	−30.0
31	−10.0	—	−23.1	−31.9	−40.6	−29.8
32	−11.3	−20.4	−23.4	−31.9	−41.5	−28.8
33	−11.6	−17.8	−24.2	−31.7	−40.8	−28.3
34	−12.3	−17.5	−26.3	−31.9	−41.0	−27.7
35	−12.0	−17.5	−25.4	−32.1	−40.5	−27.8
36	−12.5	−15.9	−24.1	−32.9	−40.5	−28.3
37	−11.9	−14.9	−24.2	−33.0	−40.0	−27.1
38	−11.6	−14.8	−24.4	−33.6	−38.2	−26.3
39	−11.5	−15.2	−24.7	−34.0	−37.7	
40	−11.8	−16.4	−24.1	−34.2	−37.6	
41	−11.5	−15.9	−22.8	−34.3	−37.2	
42	−11.8	−18.7	−22.7	−35.7	−36.4	
43	−11.9	−22.0	−24.4	−35.9	−36.9	
44	−13.5	−22.4	−25.5	−37.4	−35.9	
45	−12.5	−22.0	−26.1	−37.7	−35.2	
46	−13.1	−22.7	−23.0	−37.4	−35.0	
47	−13.8	−23.1	−22.2	−36.0	−35.2	
48	−14.5	−23.1	−24.1	−35.4	−34.9	
49	−15.2	−23.0	−26.0	−35.0	−35.3	
50	−16.2	−22.0	−24.8	−35.4	−36.7	
51	−16.8	−24.2	−27.8	−35.2	−36.4	
52	−17.1	−24.7	−28.6	−35.0	−36.0	
53	−18.8	−25.1	−27.1	−34.4	−35.9	
54	−19.5	−24.8	−25.4	−35.9	−36.2	
55	−19.2	−23.1	−25.7	−34.0	−37.2	
56	−19.8	−22.1	−25.5	−33.0	−37.0	
57	−19.7	−22.0	−23.4	−32.1	−36.2	
58	−19.8	−22.4	−23.0	−33.9	−33.4	
59	−19.8	−23.1	−20.2	−34.4	−34.6	

Horizontalintensität

m	10a	11a	0p	1p	2p	3p
	γ	γ	γ	γ	γ	γ
0	−16.6	—	−10.1	− 1.5	—	—
1	—	−30.9	− 9.3	− 2.4	− 6.2	—
2	−16.8	−31.0	− 8.4	− 0.9	− 6.0	− 8.7
3	−19.0	−31.3	− 7.9	0.0	− 3.5	− 7.9
4	—	−31.4	− 9.2	+ 1.3	− 4.7	− 7.0
5	−17.6	−31.5	− 8.4	− 0.1	—	− 2.3
6	—	−32.7	− 8.0	+ 0.6	+ 1.7	− 0.3
7	—	−32.5	− 7.9	+ 1.0	0.0	− 1.9
8	−15.8	−31.8	− 8.2	− 0.5	+ 0.7	− 2.6
9	−15.8	−30.8	− 6.9	—	+ 0.9	− 3.3
10	—	−30.0	− 7.0	− 1.1	+ 0.8	− 5.9
11	−17.3	−30.0	− 4.1	− 0.1	+ 2.0	− 7.6
12	−18.0	−31.0	− 3.7	− 0.7	+ 0.8	− 5.3
13	−17.5	−31.4	− 1.4	− 0.4	+ 1.7	− 5.5
14	−17.2	−31.0	− 2.0	− 0.4	+ 3.0	− 5.0
15	−18.7	−29.7	− 3.3	− 0.7	+ 5.2	− 6.8
16	−20.7	−29.5	− 3.8	− 1.7	+ 7.5	− 8.1
17	−19.9	−29.1	− 2.0	− 1.7	+ 9.0	− 8.4
18	−18.3	−29.9	+ 2.9	− 1.2	+10.3	− 7.3
19	—	−28.5	+ 3.5	− 1.2	+ 8.6	− 7.7
20	−19.0	−28.1	+ 1.4	− 2.6	—	−10.6
21	—	−27.9	− 1.0	− 2.5	+ 7.8	−10.7
22	−21.6	−25.2	− 3.4	− 2.5	+ 7.9	− 9.5
23	−21.7	−26.0	− 2.9	—	+ 8.8	−11.1
24	−22.1	−26.5	− 1.9	—	+ 7.8	−12.0
25	−21.8	−25.4	− 3.2	—	—	−10.7
26	−22.1	−24.8	− 1.7	—	+ 6.0	− 9.5
27	−22.3	−25.8	− 0.2	− 4.9	+ 5.5	− 9.0
28	−24.3	−26.4	+ 2.6	− 5.2	+ 5.0	− 9.7
29	−25.7	—	+ 3.9	− 5.4	+ 5.0	−10.9
30	—	—	+ 4.5	− 4.6	+ 4.7	−10.7
31	−23.9	—	+ 2.1	− 4.7	+ 3.8	−10.6
32	−23.0	−20.7	+ 3.1	− 6.8	+ 4.3	− 9.8
33	−22.8	−18.4	+ 6.7	− 7.3	+ 3.6	− 9.1
34	—	−19.9	+ 6.0	− 7.1	+ 3.5	− 8.8
35	−25.3	−20.3	+ 5.2	− 6.8	+ 2.4	− 7.6
36	−25.1	−22.4	+ 6.7	− 7.1	+ 2.2	− 6.0
37	−25.8	−20.0	+ 8.1	− 8.0	+ 0.9	− 7.1
38	—	−18.7	+ 5.0	− 8.6	− 1.4	− 8.4
39	−27.8	−17.6	+ 0.6	− 6.8	− 0.7	
40	−27.0	−15.9	− 0.1	− 7.4	− 1.0	
41	−26.0	−15.4	+ 2.9	− 9.3	− 1.3	
42	−26.5	−14.6	+ 3.8	− 8.5	− 2.5	
43	−26.1	−16.0	+ 6.0	− 7.6	− 3.0	
44	−27.1	−18.6	+ 8.6	− 9.2	− 4.2	
45	−27.9	−18.9	+ 6.0	−12.6	− 5.0	
46	−27.7	−15.0	+ 0.2	−13.5	− 4.4	
47	−28.1	−15.5	+ 0.3	−13.4	− 4.6	
48	−26.5	−14.8	+ 1.1	−11.4	− 6.2	
49	−26.9	−11.3	+ 3.0	− 9.0	− 5.6	
50	−26.7	−10.1	+ 1.8	− 7.4	− 6.5	
51	−26.2	− 8.5	+ 3.5	−11.0	—	
52	−25.5	− 8.9	+ 3.9	−13.2	—	
53	−25.4	− 9.6	0.0	−12.0	− 6.9	
54	−25.7	−10.5	—	− 7.9	− 7.6	
55	−26.3	—	—	− 6.3	− 4.7	
56	−25.6	−11.8	− 2.3	− 8.7	− 5.8	
57	−27.0	−12.6	− 2.2	−10.2	—	
58	−26.8	−10.9	− 3.2	− 7.9	—	
59	−27.7	−10.7	—	—	− 8.5	

Vertikalintensität

m	10a	11a	0p	1p	2p	3p
	γ	γ	γ	γ	γ	γ
0	—	—	−21.6	—	—	—
1	−15.1	−17.1	−21.4	−19.0	− 8.0	+ 2.6
2	−15.0	−16.2	−21.6	−18.4	− 9.5	+ 2.8
3	−14.8	−16.1	−21.7	−18.4	− 9.4	+ 1.9
4	−14.7	−16.0	−20.4	−19.1	− 8.8	+ 2.4
5	−14.5	−15.7	−20.8	−19.5	− 9.3	+ 0.4
6	−15.2	−15.8	−20.5	−18.6	−10.8	− 0.6
7	−15.2	−15.8	−21.2	−18.5	− 9.6	+ 0.2
8	−16.3	−16.1	−20.8	−18.4	− 9.1	+ 0.2
9	−16.7	−16.9	−21.0	−17.4	− 8.8	+ 2.1
10	−16.5	−17.6	−21.1	−16.8	− 8.2	+ 3.4
11	−16.4	−17.5	−21.9	−16.1	− 8.5	+ 4.4
12	−15.9	−16.9	−21.8	−15.8	− 7.6	+ 3.1
13	−16.0	−16.6	−22.6	−15.0	− 7.2	+ 4.4
14	−16.3	−17.0	−21.6	−15.2	− 7.4	+ 2.3
15	−16.4	−17.3	−20.8	−14.6	− 8.0	+ 3.4
16	−15.2	−17.4	−20.6	−14.0	− 8.4	+ 3.8
17	−14.6	−17.4	−21.2	−13.5	− 8.4	+ 3.8
18	−16.8	−16.8	−23.0	−13.2	− 8.2	+ 4.2
19	−17.3	−17.8	−22.4	−13.2	− 7.0	+ 3.4
20	−17.1	−17.2	−21.0	−13.4	− 6.0	+ 5.2
21	−16.8	−18.4	−20.0	−12.4	− 5.8	+ 5.1
22	−16.1	−19.0	−19.7	−12.2	− 5.6	+ 4.6
23	−16.1	−18.7	−19.8	−12.2	− 5.4	+ 4.4
24	−16.2	−18.6	−19.8	−11.6	− 4.8	+ 5.6
25	−15.8	−18.6	−20.2	—	− 4.7	+ 4.8
26	−16.5	−19.5	−20.4	—	− 3.8	+ 4.0
27	−16.0	−18.9	−21.0	−10.5	− 2.7	+ 4.4
28	−15.8	−18.5	−22.5	−10.2	− 2.7	+ 4.4
29	−15.2	—	−22.5	− 9.9	− 2.4	+ 5.0
30	−15.9	−21.7	−22.0	−10.0	− 2.3	+ 4.8
31	−16.4	−21.4	−20.4	− 9.6	− 2.0	—
32	−16.8	—	−20.4	− 8.8	− 2.2	+ 4.8
33	−16.9	−19.9	−22.0	− 8.6	− 1.6	+ 4.6
34	−16.2	−20.0	−20.9	− 8.6	− 1.2	+ 4.4
35	−15.8	−19.4	−20.3	− 9.0	0.0	+ 3.8
36	−15.5	−18.9	−20.7	− 9.0	− 0.6	+ 3.8
37	−15.6	−20.0	−21.6	− 8.2	− 0.4	+ 3.8
38	−16.0	−20.8	−20.6	− 8.4	+ 0.8	+ 5.0
39	−15.6	−21.0	−18.2	− 8.6	+ 0.6	
40	−15.9	−21.8	−17.8	− 8.7	+ 0.6	
41	−16.5	−21.5	−19.0	− 7.8	+ 0.6	
42	−16.3	−21.5	−19.2	− 7.6	+ 1.6	
43	−16.6	−20.4	−20.7	− 8.4	+ 1.2	
44	−16.4	−19.3	−21.6	− 7.8	+ 1.7	
45	−16.2	−19.2	−20.6	− 6.0	+ 2.0	
46	−16.8	−20.5	−17.5	− 5.2	+ 1.8	
47	−16.5	−19.9	−17.4	− 5.0	+ 1.6	
48	−17.1	−20.4	−18.3	− 6.4	+ 2.1	
49	−17.0	−21.7	−18.9	− 7.4	+ 2.5	
50	−17.2	−22.2	−18.6	− 9.0	+ 2.9	
51	−17.2	−22.2	−20.0	− 7.2	+ 3.4	
52	−17.4	−22.0	−19.8	− 6.0	+ 4.0	
53	−18.0	−21.2	−18.4	− 6.2	+ 4.0	
54	−17.6	−21.2	−16.3	− 8.2	+ 3.3	
55	−17.5	−20.8	−16.7	− 8.4	+ 2.0	
56	−17.7	−20.6	−18.0	− 8.0	+ 2.8	
57	−17.4	−20.5	−17.6	− 7.5	+ 3.0	
58	−17.2	−21.1	−17.8	− 8.6	+ 4.4	
59	−17.5	—	—	− 6.6	+ 3.5	

Tab. XVI.   Unterschied gegen die normale Abweichung vom Tagesmittel

+ bedeutet Werte über,

Westl. Deklination

m	10^a	11^a	0^p	1^p	2^p	3^p
	′	′	′	′	′	′
0	+0.22	+0.89	−0.72	−1.76	−0.02	+1.00
1	+0.29	+1.01	−1.01	−1.60	−0.34	+0.88
2	+0.43	+0.88	−0.99	−1.44	−0.25	+0.90
3	+0.43	+0.81	−0.88	−1.46	−0.14	+0.90
4	+0.52	+0.68	−1.19	−1.51	−0.04	+0.88
5	+0.65	+0.63	−1.28	−1.60	−0.07	+1.15
6	+0.63	+0.52	−1.53	−1.80	−0.09	+1.51
7	+0.45	+0.18	−1.62	−1.91	−0.04	+1.73
8	+0.47	−0.11	−1.60	−1.71	−0.18	+1.87
9	+0.61	+0.02	−1.71	−1.51	−0.07	+1.91
10	+0.86	+0.09	−1.78	−1.42	0.00	+1.62
11	+0.68	+0.04	−1.73	−1.28	+0.07	+1.40
12	+0.68	−0.02	−1.73	−1.24	+0.11	+1.37
13	+0.63	−0.07	−1.37	−1.24	+0.18	+1.44
14	+0.61	−0.14	−1.35	−1.17	+0.22	+1.53
15	+0.88	−0.11	−1.58	−1.12	+0.34	+1.51
16	+0.88	−0.11	−1.62	−1.06	+0.52	+1.48
17	+0.43	−0.04	−1.40	−1.08	+0.68	+1.58
18	+0.27	−0.27	−0.97	−1.06	+0.90	+1.71
19	+0.45	−0.20	−0.92	−0.99	+0.92	+1.46
20	+0.50	−0.32	−1.10	−0.88	+0.90	+1.12
21	+0.50	−0.25	−1.33	−0.81	+1.08	+1.19
22	+0.47	−0.04	−1.69	−0.72	+1.17	+1.28
23	+0.52	−0.02	−2.12	−0.65	+1.26	+1.22
24	+0.58	−0.04	−2.16	—	+1.30	+1.15
25	+0.70	−0.22	−2.38	—	+1.53	+1.26
26	+0.79	−0.29	−2.52	—	+1.53	+1.58
27	+0.70	−0.54	−2.66	—	+1.42	+1.44
28	+0.68	−0.72	−2.32	—	+1.35	+1.58
29	+0.56	−0.92	−1.91	−0.52	+1.35	+1.60
30	+0.58	—	−1.51	−0.43	+1.37	+1.55
31	+0.68	—	−1.33	−0.43	+1.42	+1.55
32	+0.86	−0.29	−1.28	−0.43	+1.55	+1.42
33	+0.83	−0.72	−1.15	−0.45	+1.44	+1.35
34	+0.90	−0.81	−0.82	−0.43	+1.51	+1.30
35	+0.76	−0.86	−0.97	−0.40	+1.42	+1.37
36	+0.79	−1.12	−1.17	−0.29	+1.44	+1.53
37	+0.63	−1.30	−1.15	−0.27	+1.40	+1.42
38	+0.54	−1.35	−1.12	−0.18	+1.12	+1.33
39	+0.47	−1.30	−1.08	−0.11	+1.08	
40	+0.50	−1.15	−1.17	−0.09	+1.08	
41	+0.43	−1.26	−1.40	−0.07	+1.04	
42	+0.43	−0.88	−1.42	+0.14	+0.99	
43	+0.40	−0.40	−1.15	+0.16	+1.08	
44	+0.58	−0.38	−0.97	+0.40	+0.94	
45	+0.38	−0.47	−0.88	+0.45	+0.86	
46	+0.38	−0.40	−1.40	+0.38	+0.86	
47	+0.45	−0.38	−1.51	+0.16	+0.90	
48	+0.52	−0.40	−1.22	+0.07	+0.88	
49	+0.61	−0.45	−0.92	0.00	+0.97	
50	+0.72	−0.63	−1.12	+0.07	+1.24	
51	+0.76	−0.27	−0.65	+0.02	+1.22	
52	+0.76	−0.22	−0.56	0.00	+1.17	
53	+0.99	−0.18	−0.79	−0.07	+1.17	
54	+1.04	−0.22	−1.08	+0.16	+1.24	
55	+0.90	−0.52	−1.04	−0.14	+1.42	
56	+0.94	−0.68	−1.08	−0.27	+1.40	
57	+0.88	−0.72	−1.44	−0.40	+1.28	
58	+0.86	−0.68	−1.55	−0.14	+0.88	
59	+0.86	−0.58	−2.02	−0.04	+1.10	

Östl. Deklination

m	10^a	11^a	0^p	1^p	2^p	3^p
	γ	γ	γ	γ	γ	γ
0	−1.4	−5.7	+ 4.6	+11.2	+0.1	− 6.4
1	−1.9	−6.4	+ 6.4	+10.2	+2.2	− 5.6
2	−2.7	−5.6	+ 6.3	+ 9.2	+1.6	− 5.7
3	−2.7	−5.2	+ 5.6	+ 9.3	+0.9	− 5.7
4	−3.3	−4.3	+ 7.6	+ 9.6	+0.3	− 5.6
5	−4.1	−4.0	+ 8.2	+10.2	+0.4	− 7.3
6	−4.0	−3.3	+ 9.8	+11.5	+0.6	− 9.6
7	−2.9	−1.1	+10.3	+12.2	+0.3	−11.0
8	−3.0	+0.7	+10.2	+10.9	+1.1	−11.9
9	−3.9	−0.1	+10.9	+ 9.6	+0.4	−12.2
10	−5.5	−0.6	+11.4	+ 9.1	0.0	−10.3
11	−4.3	−0.3	+11.0	+ 8.2	−0.4	− 8.9
12	−4.3	+0.1	+11.0	+ 7.9	−0.7	− 8.7
13	−4.0	+0.4	+ 8.7	+ 7.9	−1.1	− 9.2
14	−3.9	+0.9	+ 8.6	+ 7.5	−1.4	− 9.8
15	−5.6	+0.7	+10.1	+ 7.1	−2.2	− 9.6
16	−5.6	+0.7	+10.3	+ 6.8	−3.3	− 9.4
17	−2.7	+0.3	+ 8.9	+ 6.9	−4.3	−10.1
18	−1.7	+1.7	+ 6.2	+ 6.8	−5.7	−10.9
19	−2.9	+1.3	+ 5.9	+ 6.3	−5.9	− 9.3
20	−3.2	+2.0	+ 7.0	+ 5.6	−5.7	− 7.1
21	−3.2	+1.6	+ 8.5	+ 5.2	−6.9	− 7.6
22	−3.0	+0.3	+10.8	+ 4.6	−7.5	− 8.2
23	−3.3	+0.1	+13.5	+ 4.1	−8.0	− 7.8
24	−3.7	+0.3	+13.8	—	−8.3	− 7.3
25	−4.5	+1.4	+15.2	—	−9.8	− 8.0
26	−5.0	+1.9	+16.1	—	−9.8	−10.1
27	−4.5	+3.4	+17.0	—	−9.1	− 9.2
28	−4.3	+4.6	+14.8	—	−8.6	−10.1
29	−3.6	+5.9	+12.2	+ 3.3	−8.6	−10.2
30	−3.7	—	+ 9.6	+ 2.7	−8.7	− 9.9
31	−4.3	—	+ 8.5	+ 2.7	−9.1	− 9.9
32	−5.5	+1.9	+ 8.2	+ 2.7	−9.9	− 9.1
33	−5.3	+4.6	+ 7.3	+ 2.9	−9.2	− 8.6
34	−5.7	+5.2	+ 5.2	+ 2.7	−9.6	− 8.3
35	−4.8	+5.5	+ 6.2	+ 2.6	−9.1	− 8.7
36	−5.0	+7.1	+ 7.5	+ 1.9	−9.2	− 9.8
37	−4.0	+8.3	+ 7.3	+ 1.7	−8.9	− 9.1
38	−3.4	+8.6	+ 7.1	+ 1.1	−7.1	− 8.5
39	−3.0	+8.3	+ 6.9	+ 0.7	−6.9	
40	−3.2	+7.3	+ 7.5	+ 0.6	−6.9	
41	−2.7	+8.0	+ 8.9	+ 0.4	−6.6	
42	−2.7	+5.6	+ 9.1	− 0.9	−6.3	
43	−2.6	+2.6	+ 7.3	− 1.0	−6.9	
44	−3.7	+2.4	+ 6.2	− 2.6	−6.0	
45	−2.4	+3.0	+ 5.6	− 2.9	−5.5	
46	−2.4	+2.6	+ 8.9	− 2.4	−5.5	
47	−2.9	+2.4	+ 9.6	− 1.0	−5.7	
48	−3.3	+2.6	+ 7.8	− 0.4	−5.6	
49	−3.9	+2.9	+ 5.9	0.0	−6.2	
50	−4.6	+4.0	+ 7.1	− 0.4	−7.9	
51	−4.8	+1.7	+ 4.1	− 0.1	−7.8	
52	−4.8	+1.4	+ 3.6	0.0	−7.5	
53	−6.3	+1.1	+ 5.0	+ 0.4	−7.5	
54	−6.6	+1.4	+ 6.9	− 1.0	−7.9	
55	−5.7	+3.3	+ 6.6	+ 0.9	−9.1	
56	−6.0	+4.3	+ 6.9	+ 1.7	−8.9	
57	−5.6	+4.6	+ 9.2	+ 2.6	−8.2	
58	−5.5	+4.3	+ 9.9	+ 0.9	−5.6	
59	−5.5	+3.7	+12.9	+ 0.3	−7.0	

Horizontalintensität

m	10^a	11^a	0^p	1^p	2^p	3^p
	γ	γ	γ	γ	γ	γ
0	− 3.3	—	−12.1	− 7.8	—	
1	—	−25.7	−11.4	− 8.7	− 7.4	—
2	− 3.7	−25.9	−10.6	− 7.3	− 7.1	−4.4
3	− 6.0	−26.3	−10.2	− 6.4	− 4.5	−4.0
4	—	−26.6	−11.6	− 5.1	− 5.5	−3.0
5	− 4.8	−26.8	−10.9	− 6.5	—	+1.7
6	—	−28.2	−10.6	− 5.8	+ 1.1	+3.7
7	—	−28.1	−10.6	− 5.4	− 0.4	+2.1
8	− 3.4	−27.5	−11.0	− 6.9	+ 0.3	+1.5
9	− 3.5	−26.6	− 9.8	—	+ 0.7	+0.8
10	—	−25.9	−10.0	− 7.5	+ 0.8	−1.8
11	− 5.3	−26.1	− 7.2	− 6.5	+ 2.1	−3.5
12	− 6.2	−27.2	− 6.9	− 7.1	+ 1.0	−1.2
13	− 5.8	−27.8	− 4.7	− 6.7	+ 2.0	−1.4
14	− 5.7	−27.5	− 5.4	− 6.7	+ 3.4	−0.8
15	− 7.3	−26.3	− 6.8	− 7.0	+ 5.7	−2.6
16	− 9.4	−26.3	− 7.4	− 7.9	+ 8.1	−3.9
17	− 8.8	−26.0	− 5.7	− 7.9	+ 9.7	−4.2
18	− 7.3	−26.9	− 0.9	− 7.3	+11.1	−3.1
19	—	−25.7	− 0.4	− 7.2	+ 9.5	−3.5
20	− 8.3	−25.4	− 2.6	− 8.6	—	−6.4
21	—	−25.3	− 5.0	− 8.4	+ 8.9	−6.5
22	−11.2	−22.7	− 7.5	− 8.3	+ 9.1	−5.2
23	−11.4	−23.7	− 7.1	—	+10.1	−6.8
24	−11.9	−24.3	− 6.2	—	+ 9.2	−7.7
25	−11.8	−23.3	− 7.6	—	—	−6.4
26	−12.2	−22.9	− 6.1	—	+ 7.6	−5.2
27	−12.5	−24.0	− 4.7	−10.3	+ 7.2	−4.7
28	−14.7	−24.7	− 2.0	−10.5	+ 6.8	−5.4
29	−16.2	—	− 0.8	−10.5	+ 6.9	−6.6
30	—	—	− 0.3	− 9.6	+ 6.7	−6.4
31	−14.7	—	− 2.7	− 9.6	+ 5.9	−6.3
32	−13.9	−19.5	− 1.8	−11.6	+ 6.4	−5.5
33	−13.9	−17.4	+ 1.7	−12.0	+ 5.8	−4.8
34	—	−19.0	+ 1.0	−11.7	+ 5.8	−4.5
35	−16.6	−19.5	+ 0.1	−11.2	+ 4.8	−3.3
36	−16.6	−21.7	+ 1.5	−11.4	+ 4.7	−1.7
37	−17.4	−19.4	+ 2.9	−12.2	+ 3.4	−2.8
38	—	−18.2	− 0.3	−12.7	+ 1.2	−4.1
39	−19.6	−17.2	− 4.8	−10.8	+ 2.0	
40	−19.0	−15.7	− 5.5	−11.3	+ 1.8	
41	−18.1	−15.3	− 2.5	−13.0	+ 1.5	
42	−18.7	−14.7	− 1.7	−12.1	+ 0.4	
43	−18.5	−16.2	+ 0.4	−11.1	0.0	
44	−19.6	−18.9	+ 3.0	−12.6	− 1.2	
45	−20.6	−19.3	+ 0.3	−15.8	− 1.9	
46	−20.5	−15.5	− 5.6	−16.6	− 1.3	
47	−21.0	−16.1	− 5.5	−16.4	− 1.4	
48	−19.5	−15.5	− 4.7	−14.3	− 2.9	
49	−20.1	−12.1	− 2.9	−11.8	− 2.3	
50	−20.0	−11.0	− 4.1	−10.0	− 3.1	
51	−19.6	− 9.5	− 2.5	−13.5	—	
52	−19.0	−10.0	− 2.1	−15.6	—	
53	−19.1	−10.8	− 6.1	−14.2	− 3.4	
54	−19.5	−11.9	—	−10.0	− 4.0	
55	−20.2	—	—	− 8.3	− 1.1	
56	−19.6	−13.4	− 8.5	−10.6	− 2.1	
57	−21.2	−14.3	− 8.4	−12.5	—	
58	−21.1	−12.7	− 9.4	− 9.5	—	
59	−22.1	−12.6	—	—	− 4.7	

für jede mittlere Greenwicher Minute für August 30 in Burgos.   Tab. XVI.

— Werte unter dem normalen.

m	Süd-Nord-Komponente						West-Ost-Komponente						Vertikalintensität						m
	10ᵃ	11ᵃ	0ᵖ	1ᵖ	2ᵖ	3ᵖ	10ᵃ	11ᵃ	0ᵖ	1ᵖ	2ᵖ	3ᵖ	10ᵃ	11ᵃ	0ᵖ	1ᵖ	2ᵖ	3ᵖ	
	γ	γ	γ	γ	γ	γ	γ	γ	γ	γ	γ	γ	γ	γ	γ	γ	γ	γ	
0	− 3.6	—	−10.3	− 4.4	—	—	−0.4	—	+ 7.7	+13.0	—	—	—	—	+2.5	—	—	—	0
1	—	−26.5	− 9.2	− 5.6	−6.5	—	—	+ 0.9	+ 9.3	+12.2	+ 4.1	—	−3.5	+2.6	+2.7	+ 2.7	+6.0	+5.8	1
2	− 4.3	−26.4	− 8.5	− 4.5	−6.4	−5.8	−1.6	+ 1.7	+ 9.0	+10.8	+ 3.5	− 4.3	−3.2	+3.6	+2.5	+ 3.2	+4.3	+5.9	2
3	− 6.5	−16.7	− 8.3	− 3.6	−4.1	−5.4	−0.9	+ 2.3	+ 8.2	+10.7	+ 2.1	− 4.4	−2.9	+3.9	+2.4	+ 3.1	+4.2	+4.9	3
4	—	−26.8	− 9.0	− 2.3	−5.2	−4.3	—	+ 3.2	+10.5	+10.6	+ 1.8	− 4.6	−2.7	+4.1	+3.7	+ 2.3	+4.7	+5.2	4
5	− 5.7	−26.9	− 8.2	− 3.4	—	−0.4	−2.6	+ 3.6	+10.9	+11.6	—	− 7.5	−2.3	+4.5	+3.3	+ 1.8	+4.0	+3.2	5
6	—	−28.0	− 7.5	− 2.4	+1.3	+1.0	—	+ 4.6	+12.3	+12.7	+ 0.3	−10.2	−2.8	+4.6	+3.6	+ 2.6	+2.4	+2.0	6
7	—	−27.3	− 7.4	− 1.8	−0.3	−1.0	—	+ 6.7	+12.8	+13.2	+ 0.4	−11.2	−2.7	+4.6	+2.9	+ 2.7	+3.4	+2.7	7
8	− 4.1	−26.2	− 7.8	− 3.6	+0.7	−1.9	−2.0	+ 8.3	+12.8	+12.4	+ 1.0	−11.8	−3.7	+4.5	+3.3	+ 2.6	+3.7	+2.6	8
9	− 4.5	−25.6	− 6.4	—	+0.8	−2.6	−2.7	+ 7.2	+13.2	—	+ 0.2	−11.9	−3.9	+3.7	+3.1	+ 3.6	+3.8	+4.4	9
10	—	−25.1	− 6.5	− 4.7	+0.8	−4.5	—	+ 6.5	+13.8	+10.8	− 0.2	− 9.4	−3.5	+3.2	+3.0	+ 4.0	+4.2	+5.6	10
11	− 6.3	−25.2	− 3.9	− 3.9	+1.9	−5.9	−2.6	+ 6.9	+12.6	+ 9.7	− 1.0	− 7.6	−3.4	+4.1	+2.2	+ 4.7	+3.7	+6.4	11
12	− 7.2	−26.1	− 3.6	− 4.6	+0.8	−3.6	−2.4	+ 7.6	+12.5	+ 9.6	− 1.0	− 8.1	−2.7	+4.1	+2.3	+ 4.8	+4.4	+5.1	12
13	− 6.7	−26.6	− 2.0	− 4.2	+1.6	−3.8	−2.2	+ 8.1	+ 9.7	+ 9.4	− 1.7	− 8.4	−2.6	+4.5	+1.4	+ 5.6	+4.7	+6.3	13
14	− 6.6	−26.2	− 2.8	− 4.3	+2.9	−3.5	−2.1	+ 8.5	+ 9.8	+ 9.0	− 2.2	− 9.2	−2.8	+4.2	+2.4	+ 5.2	+4.3	+4.1	14
15	− 8.5	−25.1	− 3.7	− 4.7	+4.9	−5.1	−3.4	+ 8.0	+11.6	+ 8.7	− 3.7	− 8.5	−2.8	+4.1	+3.2	+ 5.7	+3.5	+5.1	15
16	−10.5	−25.1	− 4.3	− 5.7	+6.9	−6.3	−2.8	+ 8.1	+11.9	+ 8.7	− 5.4	− 7.9	−1.4	+4.0	+3.4	+ 6.2	+2.9	+5.4	16
17	− 9.2	−24.9	− 3.0	− 5.7	+8.1	−6.8	−0.2	+ 7.5	+10.2	+ 8.8	− 6.8	− 8.5	−0.7	+4.2	+2.8	+ 6.6	+2.7	+5.3	17
18	− 7.5	−25.4	+ 0.8	− 5.1	+9.1	−6.0	+0.4	+ 9.0	+ 6.2	+ 8.5	− 8.6	− 9.6	−2.8	+4.8	+1.0	+ 6.8	+2.8	+5.6	18
19	—	−24.3	+ 1.2	− 5.2	+7.5	−6.0	—	+ 8.3	+ 5.8	+ 8.1	− 8.3	− 7.9	−3.1	+4.0	+1.6	+ 6.7	+3.8	+4.7	19
20	− 8.9	−23.8	− 0.6	− 6.8	—	−8.2	−0.8	+ 8.9	+ 7.4	+ 7.8	—	− 5.0	−2.7	+4.6	+3.0	+ 6.4	+4.5	+6.4	20
21	—	−23.9	− 2.5	− 6.7	+6.7	−8.3	—	+ 8.5	+ 9.6	+ 7.3	− 9.1	− 5.5	−2.3	+3.6	+4.0	+ 7.2	+4.6	+6.2	21
22	−11.6	−21.7	− 4.2	− 6.7	+6.6	−7.3	+0.2	+ 6.6	+12.5	+ 6.7	− 9.7	− 6.5	−1.5	+3.0	+4.2	+ 7.3	+4.6	+5.6	22
23	−11.9	−22.8	− 3.1	—	+7.5	−8.7	−0.1	+ 6.6	+15.0	—	−10.5	− 5.6	−1.3	+3.5	+4.1	+ 7.2	+4.6	+5.4	23
24	−12.4	−23.3	− 2.2	—	+6.5	−9.4	−0.3	+ 7.0	+15.0	—	−10.5	− 4.9	−1.3	+3.6	+4.0	+ 7.6	+5.0	+6.4	24
25	−12.5	−22.0	− 3.1	—	—	−8.4	−1.0	+ 7.7	+16.7	—	—	− 5.9	−0.8	+3.8	+3.6	—	+4.9	+5.6	25
26	−13.1	−21.5	− 1.5	—	+4.6	−7.8	−1.4	+ 8.1	+17.2	—	−11.5	− 8.3	−1.4	+2.9	+3.4	—	+5.6	+4.6	26
27	−13.2	−22.2	+ 0.2	—	+4.4	−7.0	−0.8	+ 9.9	+17.6	—	−10.7	− 7.5	−0.8	+3.6	+2.8	+ 8.4	+6.5	+5.0	27
28	−15.3	−22.4	+ 2.2	—	+4.1	−8.0	0.0	+11.2	+14.8	—	−10.2	− 8.2	−0.4	+4.1	+1.2	+ 8.6	+6.3	+4.8	28
29	−16.6	—	+ 2.6	− 9.2	+4.2	−9.1	+1.0	—	+11.9	+ 6.1	−10.2	− 8.0	+0.3	—	+1.2	+ 8.7	+6.4	+5.4	29
30	—	—	+ 2.3	− 8.5	+4.0	−8.9	—	—	+ 9.3	+ 5.2	−10.2	− 7.7	−0.3	+1.1	+1.6	+ 8.5	+6.3	+5.1	30
31	−15.3	—	− 0.3	− 8.5	+3.2	−8.8	0.0	—	+ 8.9	+ 5.2	−10.3	− 7.8	−0.6	+1.4	+3.2	+ 8.8	+6.4	—	31
32	−14.9	−18.2	+ 0.6	−10.4	+3.5	−7.8	−1.5	+ 7.2	+ 8.4	+ 5.8	−11.3	− 7.2	−0.9	—	+3.2	+ 9.4	+6.0	+4.9	32
33	−14.9	−15.4	+ 3.6	−10.7	+3.1	−7.0	−1.3	+ 9.2	+ 6.5	+ 6.1	−10.4	− 7.0	−0.9	+3.1	+1.5	+ 9.5	+6.4	+4.6	33
34	—	−16.9	+ 2.4	−10.5	+3.0	−6.6	—	+10.2	+ 4.7	+ 5.8	−10.8	− 6.8	0.0	+3.1	+2.6	+ 9.4	+6.6	+4.4	34
35	−17.3	−17.2	+ 1.8	−10.1	+2.1	−5.6	0.0	+10.7	+ 6.0	+ 5.6	−10.0	− 7.5	+0.5	+3.8	+3.1	+ 8.8	+7.6	+3.6	35
36	−17.4	−18.9	+ 3.5	−10.5	+2.0	−4.3	−0.2	+12.8	+ 6.8	+ 4.9	−10.1	− 8.9	+0.9	+4.3	+2.7	+ 8.7	+6.8	+3.6	36
37	−17.8	−16.3	+ 4.8	−11.2	+0.8	−5.2	+1.0	+13.4	+ 6.2	+ 5.0	− 9.5	− 7.9	+1.0	+3.3	+1.8	+ 9.4	+6.8	+3.5	37
38	—	−15.1	+ 1.7	−11.9	−0.8	−6.2	—	+13.3	+ 6.9	+ 4.6	− 7.1	− 7.1	+0.7	+2.6	+2.7	+ 9.0	+7.8	+4.6	38
39	−19.6	−14.2	− 2.7	−10.2	0.0		+2.5	+12.7	+ 2.8	+ 3.7	− 7.2		+1.2	+1.9	+5.0	+ 8.7	+7.4		39
40	−19.2	−13.1	− 3.2	−10.7	−0.2		+2.1	+11.3	+ 8.7	+ 3.7	− 7.1		+1.1	+1.7	+5.4	+ 8.4	+7.2		40
41	−18.1	−12.5	+ 0.1	−12.4	−0.4		+2.4	+11.9	+ 9.3	+ 4.0	− 6.7		+0.6	+1.8	+4.1	+ 9.2	+7.0		41
42	−18.7	−12.6	+ 0.9	−11.8	−1.3		+2.6	+ 9.5	+ 9.2	+ 2.4	− 6.2		+0.9	+2.1	+3.8	+ 9.2	+7.8		42
43	−18.5	−14.9	+ 2.4	−11.0	−1.9		+2.6	+ 7.0	+ 6.9	+ 2.1	− 6.6		+0.8	+3.2	+2.3	+ 8.3	+7.2		43
44	−19.8	−17.5	+ 4.6	−12.8	−2.9		+1.8	+ 7.5	+ 5.2	+ 1.0	− 5.5		+1.1	+4.4	+1.4	+ 8.7	+7.6		44
45	−20.5	−17.7	+ 1.8	−16.0	−3.3		+3.4	+ 8.2	+ 5.3	+ 1.6	− 4.8		+1.4	+4.5	+2.3	+10.4	+7.7		45
46	−20.4	−14.2	− 2.9	−16.7	−2.7		+3.4	+ 6.8	+10.1	+ 2.3	− 4.9		+0.9	+3.3	+5.3	+11.0	+7.4		46
47	−21.0	−14.8	− 2.7	−16.1	−2.9		+3.0	+ 6.7	+10.7	+ 3.5	− 5.1		+1.4	+3.9	+5.4	+11.1	+7.0		47
48	−19.6	−14.2	− 2.3	−13.8	−4.3		+2.2	+ 6.8	+ 8.8	+ 3.5	− 4.6		+0.9	+3.4	+4.4	+ 9.6	+7.3		48
49	−20.4	−10.8	− 1.2	−11.3	−3.9		+1.8	+ 6.1	+ 6.5	+ 3.3	− 5.4		+1.2	+2.2	+3.7	+ 8.4	+7.5		49
50	−20.5	− 9.5	− 1.9	− 9.7	−5.2		+1.1	+ 6.8	+ 7.9	+ 2.4	− 6.7		+1.1	+1.7	+4.0	+ 6.6	+7.8		50
51	−20.1	− 8.6	− 1.3	−13.0	—		+0.8	+ 4.2	+ 4.6	+ 3.6	—		+1.2	+1.8	+2.7	+ 8.3	+8.2		51
52	−19.6	− 9.2	− 1.0	−15.0	—		+0.6	+ 4.1	+ 4.1	+ 4.3	—		+1.2	+2.0	+2.6	+ 9.4	+8.6		52
53	−20.1	−10.1	− 4.5	−13.5	−5.4		−0.8	+ 4.1	+ 6.5	+ 4.3	− 6.3		+0.6	+2.8	+3.9	+ 9.0	+8.4		53
54	−20.5	−11.0	—	− 9.9	−6.0		−0.9	+ 4.6	—	+ 1.8	− 6.5		+1.1	+2.8	+5.9	+ 6.8	+7.5		54
55	−21.0	—	—	− 7.8	−3.6		+0.1	—	—	+ 3.2	− 8.4		+1.5	+3.2	+5.5	+ 6.6	+6.1		55
56	−20.5	−11.7	− 6.3	− 9.7	−4.5		−0.4	+ 7.8	+ 8.9	+ 4.5	− 8.0		+1.3	+3.4	+4.1	+ 6.8	+6.8		56
57	−21.9	−12.4	− 5.6	−11.3	—		+0.5	+ 8.3	+11.1	+ 6.0	—		+1.8	+3.5	+4.4	+ 7.1	+6.8		57
58	−21.8	−11.0	− 6.3	− 8.9	—		+0.5	+ 7.6	+12.1	+ 3.5	− 5.4		+2.1	+3.0	+4.2	+ 5.8	+8.0		58
59	−22.7	−11.1	—	—	−6.4		+0.8	+ 7.1	—	—	—		+1.9	—	—	+ 7.7	+7.1		59

11*

Tab. XVII.   Beobachtete Abweichungen vom Tagesmittel für jede   Tab. XVII.
mittlere Greenwicher Minute von 11ᵃ 44ᵐ bis 1ᵖ 30ᵐ für August 31 in Burgos.

+ bedeutet Werte über, — Werte unter dem Tagesmittel.

m	Östl. Deklination			Horizontalintensität			Vertikalintensität			m
	11ᵃ	0ᵖ	1ᵖ	11ᵃ	0ᵖ	1ᵖ	11ᵃ	0ᵖ	1ᵖ	
	γ	γ	γ		γ	γ		γ	γ	
0		−41.3	−41.3		−21.7	+12.9		−29.2	−28.6	0
1		−40.8	−41.6		−19.8	+12.9		−29.8	−28.4	1
2		−40.2	−41.6		−19.0	+13.6		−30.0	−28.3	2
3		−39.2	−41.9		−16.2	+13.5		−31.2	−28.1	3
4		−39.6	−41.9		−16.0	+13.0		−31.2	−27.6	4
5		−41.2	−41.2		−14.6	+13.1		−31.6	−27.4	5
6		−41.3	−41.6		−11.9	+14.1		−32.2	−27.6	6
7		−41.5	−42.2		−11.9	+14.2		−31.9	−27.5	7
8		−40.9	−42.3		−10.8	+14.0		−32.2	−27.2	8
9		−41.6	−42.3		− 8.6	+14.0		−32.8	−26.8	9
10		−41.6	−42.3		− 7.4	+13.9		−33.1	−26.7	10
11		−41.8	−41.8		− 7.7	+13.4		−32.8	−26.4	11
12		−41.2	−41.6		− 8.6	+13.4		−32.0	−26.1	12
13		−41.0	−41.9		− 7.4	+13.2		−32.3	−26.0	13
14		−41.2	−42.3		− 7.1	+14.3		−32.4	—	14
15		−40.6	−42.6		− 5.6	+15.3		−32.5	—	15
16		−40.3	−43.2		− 5.8	+14.4		−32.4	—	16
17		−40.0	−43.2		− 6.1	+15.4		−31.9	—	17
18		−38.9	−43.6		− 6.9	+14.1		−31.4	—	18
19		−38.0	−43.6		− 4.8	+13.8		−32.1	—	19
20		−38.3	−44.6		− 3.3	+14.2		−32.6	−24.4	20
21		−38.6	−44.6		− 2.6	+14.0		−32.6	−24.2	21
22		−38.6	−44.5		− 1.9	+13.9		−32.6	−23.8	22
23		−38.0	−44.3		− 2.6	+14.2		−32.0	−23.5	23
24		−37.3	−44.5		− 3.0	+14.3		−31.5	−23.3	24
25		−36.3	−45.2		− 1.4	+13.7		−32.0	−23.3	25
26		−36.4	−45.3		0.0	+13.5		−32.2	−22.6	26
27		−36.6	−45.2		+ 2.2	+13.3		−33.0	−22.3	27
28		−34.6	−45.5		+ 2.6	+12.6		−32.6	−22.1	28
29		−37.5	−44.5		+ 2.7	+12.6		−32.3	−21.6	29
30		−37.3	−44.9		+ 3.0	+12.3		−32.2	−21.4	30
31		−37.7			+ 4.3			−32.2		31
32		−38.2			+ 5.8			−32.6		32
33		−39.0			+ 7.1			−32.7		33
34		−40.6			+ 8.5			−32.8		34
35		−41.9			+ 8.5			−32.3		35
36		−41.8			+ 8.2			−31.6		36
37		−41.8			+ 8.4			−31.5		37
38		−41.6			+ 8.6			−31.7		38
39		−41.0			+ 9.0			−31.6		39
40		−40.9			+ 9.2			−31.6		40
41		−40.5			+ 9.6			−31.4		41
42		−40.8			+10.0			−31.6		42
43		−41.2			+10.2			−31.6		43
44	−39.5	−41.2		−22.8	+11.0		−26.0	−31.5		44
45	−40.3	−41.0		−23.3	+10.7		−26.2	−31.2		45
46	−41.2	−39.9		−23.9	+ 9.7		−26.0	−30.6		46
47	−40.9	−39.0		−25.2	+ 9.5		−25.3	−30.2		47
48	−41.2	−38.6		−24.4	+ 8.7		−25.9	−30.0		48
49	−40.9	−38.0		−23.2	+ 8.2		−26.5	−29.6		49
50	−41.5	−39.0		−22.5	+ 9.8		−27.4	−30.1		50
51	−41.8	−39.0		−21.7	+11.2		−27.8	−30.5		51
52	−42.6	−39.3		−21.7	+11.3		−28.0	−30.2		52
53	−42.5	−39.9		−23.4	+11.5		−27.3	−29.9		53
54	−42.2	−39.9		−23.8	+12.5		−27.2	−30.0		54
55	−41.8	−40.0		−26.2	+12.6		−26.4	−29.9		55
56	−41.8	−40.5		−24.4	+12.9		−27.6	−29.8		56
57	−41.6	−41.6		−23.5	+13.0		−28.0	−29.6		57
58	−41.2	−41.6		−23.0	+13.6		−28.4	−29.2		58
59	−41.6	−41.8		−22.0	+12.8		−28.8	−28.9		59

Tab. XVIII.   Unterschied gegen die normale Abweichung vom Tagesmittel   **Tab. XVIII.**
für jede mittlere Greenwicher Minute für August 31 in Burgos.

+ bedeutet Werte über, — Werte unter dem normalen.

m	Westliche Deklination			Östliche Deklination			Horizontalintensität			Süd-Nord-Komponente			West-Ost-Komponente			Vertikalintensität		
	11^a	0^p	1^p	11^a	0^p	1^p	11^a	0^p	1^p	11^a	0^p	1^p	11^a	0^p	1^p	11^a	0^p	1^p
	′	′	′	γ	γ	γ	γ	γ	γ	γ	γ	γ	γ	γ	γ	γ	γ	γ
0		+2.27	+1.23		−14.5	− 7.9		−22.8	+6.6		−25.9	+4.1		− 7.6	− 9.4		−5.1	−6.8
1		+2.11	+1.26		−13.5	− 8.0		−21.0	+6.6		−23.9	+4.1		− 8.2	− 9.6		−5.7	−6.7
2		+2.00	+1.26		−12.8	− 8.0		−20.3	+7.2		−23.0	+4.7		− 6.7	− 9.8		−5.9	−6.7
3		+1.82	+1.28		−11.6	− 8.2		−17.6	+7.1		−20.1	+4.5		− 6.3	− 9.9		−7.1	−6.6
4		+1.87	+1.28		−12.0	− 8.2		−17.5	+6.6		−20.1	+4.0		− 6.7	− 9.7		−7.1	−6.2
5		+2.07	+1.17		−13.2	− 7.5		−16.2	+6.7		−19.2	+4.3		− 8.2	− 9.0		−7.5	−6.1
6		+2.07	+1.21		−13.2	− 7.7		−13.6	+7.7		−16.7	+5.3		− 8.9	− 9.5		−8.1	−6.4
7		+2.05	+1.31		−13.1	− 8.4		−13.7	+7.8		−16.8	+5.2		− 8.8	−10.3		−7.8	−6.3
8		+1.93	+1.33		−12.3	− 8.5		−12.7	+7.6		−15.6	+5.0		− 8.3	−10.3		−8.1	−6.2
9		+2.05	+1.31		−13.1	− 8.4		−10.6	+7.6		−13.8	+5.0		− 9.7	−10.2		−8.7	−5.8
10		+2.03	+1.31		−13.0	− 8.4		− 9.5	+7.5		−12.7	+4.9		− 9.9	−10.2		−9.0	−5.9
11		+2.05	+1.21		−13.1	− 7.7		− 9.9	+7.0		−13.1	+4.6		− 9.9	− 9.3		−8.7	−5.6
12		+1.93	+1.17		−12.3	− 7.5		−10.9	+7.0		−13.9	+4.6		− 8.8	− 9.1		−7.9	−5.5
13		+1.89	+1.21		−12.1	− 7.7		− 9.8	+6.9		−12.7	+4.5		− 8.9	− 9.3		−8.3	−5.4
14		+1.89	+1.28		−12.1	− 8.2		− 9.6	+8.0		−12.5	+5.4		− 9.0	−10.1		−8.4	−
15		+1.80	+1.31		−11.5	− 8.4		− 8.2	+9.0		−11.1	+6.3		− 8.8	−10.6		−8.5	−
16		+1.73	+1.39		−11.1	− 8.9		− 8.5	+8.2		−11.3	+5.4		− 8.4	−10.9		−8.4	−
17		+1.69	+1.39		−10.8	− 8.9		− 8.9	+9.2		−11.6	+6.3		− 7.9	−11.1		−7.9	−
18		+1.49	+1.44		− 9.5	− 9.2		− 9.8	+8.0		−12.0	+5.2		− 6.4	−11.1		−7.4	−
19		+1.33	+1.44		− 8.5	− 9.2		− 7.8	+7.8		− 9.8	+5.0		− 6.0	−11.1		−8.1	−
20		+1.33	+1.60		− 8.5	−10.2		− 6.4	+8.2		− 8.5	+5.1		− 6.4	−12.1		−8.6	−4.6
21		+1.33	+1.60		− 8.5	−10.2		− 5.8	+8.1		− 7.9	+5.0		− 6.6	−12.0		−8.6	−4.6
22		+1.31	+1.57		− 8.4	−10.0		− 5.2	+8.1		− 7.3	+5.0		− 6.7	−11.8		−8.7	−4.3
23		+1.19	+1.55		− 7.6	− 9.9		− 6.0	+8.5		− 7.9	+5.5		− 5.6	−11.8		−8.1	−4.1
24		+1.03	+1.57		− 6.6	−10.0		− 6.5	+8.7		− 8.0	+5.6		− 4.6	−12.0		−7.7	−4.1
25		+0.85	+1.69		− 5.5	−10.8		− 5.0	+8.2		− 6.3	+4.9		− 3.9	−12.7		−8.2	−4.1
26		+0.85	+1.71		− 5.5	−10.9		− 3.7	+8.0		− 5.1	+4.7		− 4.3	−12.7		−8.4	−3.6
27		+0.85	+1.69		− 8.4	−10.8		− 1.6	+7.9		− 3.8	+4.6		− 7.7	−12.6		−9.2	−3.4
28		+0.97	+1.73		− 6.2	−11.0		− 1.3	+7.3		− 2.9	+3.9		− 5.6	−12.6		−8.9	−3.3
29		+0.95	+1.57		− 6.1	−10.0		− 1.3	+7.5		− 2.9	+4.4		− 5.5	−11.7		−8.6	−3.0
30		+0.90	+1.64		− 5.8	−10.5		− 1.1	+7.3		− 2.7	+4.1		− 5.3	−12.1		−8.6	−2.9
31		+0.97			− 6.2			+ 0.1			− 1.6			− 6.0			−8.6	
32		+1.03			− 6.6			+ 1.6			− 0.3			− 6.8			−9.0	
33		+1.17			− 7.5			+ 2.8			+ 0.6			− 8.0			−9.2	
34		+1.42			− 9.1			+ 4.1			+ 1.4			− 9.9			−9.3	
35		+1.62			−10.5			+ 4.0			+ 0.9			−11.2			−8.9	
36		+1.60			−10.2			+ 3.6			+ 0.7			−10.8			−8.2	
37		+1.60			−10.2			+ 3.7			+ 0.8			−10.8			−8.1	
38		+1.57			−10.0			+ 3.8			+ 0.9			−10.6			−8.4	
39		+1.49			− 9.5			+ 4.1			+ 1.3			−10.2			−8.4	
40		+1.46			− 9.3			+ 4.2			+ 1.4			−10.2			−8.4	
41		+1.39			− 8.9			+ 4.6			+ 1.9			− 9.9			−8.3	
42		+1.42			− 9.1			+ 4.9			+ 2.2			−10.2			−8.6	
43		+1.49			− 9.5			+ 5.0			+ 2.2			−10.5			−8.6	
44	+2.30	+1.49		−14.7	− 9.5		−22.2	+ 5.7		−25.4	+ 2.9		−8.0	−10.7		−2.3	−8.5	
45	+2.41	+1.46		−15.4	− 9.3		−22.9	+ 5.4		−26.3	+ 2.6		−8.5	−10.5		−2.5	−8.3	
46	+2.50	+1.26		−16.0	− 8.1		−23.6	+ 4.3		−27.1	+ 1.9		−8.9	− 9.0		−2.2	−7.8	
47	+2.41	+1.13		−15.4	− 7.2		−25.0	+ 4.0		−28.3	+ 1.8		−7.9	− 8.0		−1.5	−7.4	
48	+2.43	+1.06		−15.5	− 6.8		−24.3	+ 3.1		−27.7	+ 1.1		−8.2	− 7.4		−2.1	−7.3	
49	+2.36	+0.97		−15.1	− 6.2		−23.2	+ 2.5		−26.5	+ 0.7		−8.1	− 6.7		−2.6	−7.0	
50	+2.43	+1.10		−15.5	− 7.0		−22.5	+ 4.1		−25.9	+ 1.9		−8.7	− 7.8		−3.5	−7.5	
51	+2.47	+1.10		−15.8	− 7.0		−21.9	+ 5.4		−25.4	+ 3.3		−9.2	− 8.2		−3.8	−8.0	
52	+2.59	+1.13		−16.6	− 7.2		−22.0	+ 5.4		−25.7	+ 3.2		−9.9	− 8.4		−4.0	−7.8	
53	+2.54	+1.21		−16.2	− 7.7		−23.8	+ 5.6		−27.4	+ 3.3		−9.0	− 8.9		−3.3	−7.6	
54	+2.50	+1.19		−16.0	− 7.6		−24.3	+ 6.5		−27.8	+ 4.1		−8.7	− 9.1		−3.2	−7.8	
55	+2.41	+1.21		−15.4	− 7.7		−26.8	+ 6.6		−30.1	+ 4.2		−7.4	− 9.2		−2.4	−7.7	
56	+2.41	+1.26		−15.4	− 8.1		−25.1	+ 6.8		−28.4	+ 4.3		−7.9	− 9.7		−3.6	−7.7	
57	+2.36	+1.42		−15.1	− 9.1		−24.3	+ 6.8		−27.6	+ 4.0		−7.8	−10.7		−4.0	−7.6	
58	+2.27	+1.37		−14.5	− 8.8		−23.9	+ 7.4		−27.0	+ 4.7		−7.3	−10.5		−4.3	−7.2	
59	+2.32	+1.35		−14.8	− 8.6		−23.0	+ 6.5		−26.2	+ 3.8		−7.9	−10.1		−4.7	−7.0	

Tab. XIX.   Variationen von 10 zu 10 Sekunden während der   Tab. XIX.
Totalität in Burgos.

\+ bedeutet Werte über, — bedeutet Werte unter jenen zur Zeit des 2. Kontaktes.

Intervall seit Beginn der Totalität	$\Delta D(')$	$\Delta D\gamma$	ΔH	ΔX	ΔY	ΔZ	horiz. magn. Vektor	Azimut d. magn. Vektors	Azimut d. elektr. Vektors	Intervall seit Beginn der Totalität
								von N über E		
s	'	γ	γ	γ	γ	γ	γ	°	°	s
0	0.00	0.00	0.00	0.00	0.00	0.00	0.00	—	—	0
10	−0.06	+0.38	+0.42	+0.51	+0.25	−0.46	0.57	26.1	116.1	10
20	−0.09	+0.57	+0.21	+0.36	+0.49	−0.32	0.61	53.7	143.7	20
30	−0.14	+0.89	+0.21	+0.44	+0.80	−0.14	0.91	61.2	151.2	30
40	−0.17	+1.08	+0.14	+0.44	+1.00	0.00	1.09	66.2	156.2	40
50	−0.20	+1.28	−0.38	−0.01	+1.33	+0.32	1.33	90.4	180.4	50
60	−0.22	+1.40	−0.88	−0.46	+1.58	+0.50	1.65	106.2	196.2	60
70	−0.25	+1.60	−1.08	−0.60	+1.83	+0.60	1.93	108.2	198.2	70
80	·−0.29	+1.85	−1.26	−0.71	+2.13	+0.72	2.25	108.4	198.4	80
90	−0.25	+1 60	−1.30	−0.81	+1.90	+0.82	2.07	113.1	203.1	90
100	−0.21	+1.34	−1.33	−0.90	+1.65	+0.96	1.88	118.6	208.6	100
110	−0.09	+0.57	−1.26	−1.06	+0.90	+1.10	1.39	139.7	229.7	110
120	−0.06	+0.38	−0.63	−0.50	+0 53	+1.16	0.73	133.3	223.3	120
130	−0.04	+0.26	−0.35	−0.27	+0.35	+1.34	0.44	127.6	217.6	130
140	+0.01	−0.06	−0.49	−0.50	+0.08	+1.38	0.51	170.9	260.9	140
150	+0.04	−0.26	−0.35	−0.41	−0.15	+1.38	0.44	200.1	290.1	150
160	+0.07	−0.45	−0.91	−1.00	−0.18	+1.56	1.02	190.2	280.2	160
170	+0.10	−0.64	−1.36	−1.48	−0.24	+2.02	1.50	189.2	279.2	170
180	+0.09	−0.57	−1.54	−1.64	−0.13	+1.96	1.65	184.5	274.5	180
190	+0.11	−0.70	−1.44	−1.58	−0.28	+2.02	1.60	190.3	280.3	190
200	+0.11	−0.70	−1.47	−1.60	−0.26	+2.14	1.62	189.5	279.5	200
210	+0.14	−0.89	−1.75	−1.92	−0.38	+2.32	1.96	190.9	280.9	210
220	+0.11	−0.70	−1.64	−1.77	−0.22	+1.78	1.78	187.1	277.1	220

b) Beobachtungen in Potsdam.

Am Tage der totalen Sonnenfinsternis (30. August 1905) sind neben den üblichen regulären Registrierungen auch am Observatorium zu Potsdam Sonderbeobachtungen angestellt worden, die es gestatten sollten, den Gang der erdmagnetischen Elemente mehr ins einzelne zu verfolgen. Es wurden dazu einerseits in der sogenannten „Alten Hütte" empfindliche Feinregistrierungen eingerichtet, andererseits am sogenannten „Kontrollsystem", d. h. am Variometersystem für direkte Ablesung mit Aug' und Ohr die Variationen der erdmagnetischen Elemente durch Ablesungen von Minute zu Minute verfolgt. Da der Tag, wie ja bekannt sein dürfte, ein magnetisch gestörter war, wurde zu Zeiten stärkerer Schwankungen auch zu den zwischenliegenden halben Minuten beobachtet. In Folgendem sind jedoch nur die Ablesungen zu den vollen Minuten zusammengestellt. Sollte der Wunsch geäußert werden, auch die halbminutlichen Werte zu erhalten, so stehen diese jedem Anfragenden gern zur Verfügung.

Das Gleiche gilt von den Feinregistrierungen, von denen jederzeit Kopien versandt werden können. Sie wurden mit den Toepferschen Magnetometern Nr. 1 und 2 erhalten, die wie die Burgenser Variometer durch Kompensationsmagnete empfindlich gemacht waren. Es kam jedoch nur die Deklination und die Horizontalintensität zur Registrierung. Sie geschah mit langsamer Rotation (1 Umdrehung $= 24^h$). Die Skalenwerte waren: in Deklination 1 mm $= 0'.51 = 2.81\,\gamma$, in Horizontalintensität $3.68\,\gamma$.

Die Aufstellung des Feinsystems und Durchführung der Registrierungen mit ihm unterstanden Herrn Dr. Venske.

Das zu den direkten Ablesungen benutzte Kontrollsystem besteht aus drei Edelmannschen Variometern, einem Deklinatorium, einem Bifilar und einer Lloydschen Wage, über deren Konstruktion und Aufstellung man sich am besten informiert an Hand der „Ergebnisse der magnetischen Beobachtungen in Potsdam in den Jahren 1890 und 1891", Berlin 1894.

Die Ablesungen geschahen nach vollen Greenwicher mittleren Minuten auf $^1/_{10}$ Skalenteile. Es beteiligten sich daran die Rechner Heese und Gramm und der Hilfsdiener Urbansky. Es wurde von $10^h\ 30^m$ a. m. bis $3^h\ 40^m$ p. m. M. Gr. Z. beobachtet. Die Skalenwerte waren

$$\text{in Deklination} \quad \ldots \ldots \ldots \quad 1' = 5.49\,\gamma$$
$$\text{„ Horizontalintensität} \ldots \ldots \quad +2.57\,\gamma$$
$$\text{„ Vertikalintensität} \ldots \ldots \quad +3.55\,\gamma.$$

Die für den Tag gültigen Basiswerte der Variometer und die Art, nach welcher die Temperatur der Instrumente zur Berücksichtigung kam, entnehme man der Veröffentlichung der regulären Beobachtungen des Magnetischen Observatoriums für das Jahr 1901, Berlin 1905.

Die in folgendem gegebenen Tabellen sind ganz analog denen für Burgos gestaltet und enthalten:

Tabelle XX. Beobachtete Abweichungen vom Tagesmittel für jede mittlere Greenwicher Minute für 1905 August 30. Angegeben werden die Daten für die westliche Deklination, die Horizontal- und die Vertikalintensität. Die Tabelle XX entspricht der Tabelle XV von Burgos.

Tabelle XXI. Unterschied gegen die normale Abweichung vom Tagesmittel für jede mittlere Greenwicher Minute für 1905 August 30. Entsprechend der Tabelle XVI für Burgos sind hier außer den eben genannten Elementen die östliche Deklination (in γ), die Süd-Nord- und die West-Ostkomponente mitgeteilt. Die hierzu benutzten numerischen Formeln sind:

$$\Delta D^\gamma = -\,5.49\ \ \Delta D(')$$
$$\Delta X = \ \ \ 0.986\,\Delta H + 0.166\,\Delta D^\gamma$$
$$\Delta Y = -\,0.166\,\Delta H + 0.986\,\Delta D^\gamma.$$

Was nun den normalen Gang anbetrifft, von dem obige Abweichungen gerechnet sind, so ist er nicht genau nach derselben Art ermittelt, wie für Burgos, indem zur Mittelbildung nicht die dort benutzten Einzeltage herangezogen wurden, sondern einfach die 10 Tage August 21 bis August 30. Es geschah dies aus äußeren Gründen der Zweckmäßigkeit; sollte der Wunsch nach genau gleicher Definition des normalen Verlaufes entstehen, so kann dem natürlich jederzeit Rechnung getragen werden. Seit Beginn des Jahres 1905 werden nämlich die Registrierungen zu Potsdam nicht mehr dadurch verwertet, daß an jedem Tage nur für die 24 Momente der vollen Stunden die Werte den Kurven entnommen werden, sondern es wird der Mittelwert für jedes Stundenintervall abgelesen (man sehe hierüber den Text der Ergebnisse für 1905). Der tägliche Gang dieser Mittelwerte ist naturgemäß verschieden von dem täglichen Gang der 24stündlichen Einzelwerte. Da aber Tabelle XXI Einzelablesungen verwertet, so mußten die normalen Abweichungen der Einzelwerte für jede Minute aus dem täglichen Gang der Stundenmittel interpoliert werden. Dies geschah so, daß die — an sich den Mitten der Stundenintervalle zugeordneten Mittelwerte — durch eine Interpolation auf die Mitte Einzelwerte der 24 Stundenmomente (nach Greenwicher Zeit) lieferten, aus denen dann, wie bei Burgos graphisch die normalen Abweichungen vom Tagesmittel für jede Minute berechnet wurden. Aus ihnen und den Zahlen der Tabelle XX ergeben sich jene der Tabelle XXI.

Die ganzen Berechnungen sowohl für Burgos, wie auch für Potsdam, soweit sie statistisch sind, sind im wesentlichen von Herrn Rechner Wilde und nur nach der Anlage des Verfassers durchgeführt worden.

Tab. XX. Beobachtete Abweichung vom Tagesmittel für jede mittlere Greenwicher Minute für 1905 August 30 in Potsdam. Tab. XX.

+ bedeutet Werte über, — Werte unter dem Tagesmittel.

	Westl. Deklination						Horizontalintensität						Vertikalintensität						
m	10^{a}	11^{a}	0^{p}	1^{p}	2^{p}	3^{p}	10^{a}	11^{a}	0^{p}	1^{p}	2^{p}	3^{p}	10^{a}	11^{a}	0^{p}	1^{p}	2^{p}	3^{p}	m
	′	′	′	′	′	′	γ	γ	γ	γ	γ	γ	γ	γ	γ	γ	γ	γ	
0		+6.4	+5.1	+4.2	+1.0	+1.5		−55.3	−25.2	− 7.5	−20.3	− 6.7		−9.9	−3.6	+ 1.1	+12.4	+20.9	0
1		+6.5	+5.1	+4.5	+0.2	+1.6		−58.6	−25.4	− 6.2	−12.3	− 4.9		−9.9	−3.6	+ 1.1	+13.8	+21.7	1
2		+6.2	+4.9	+4.5	−0.1	+1.2		−60.7	−22.4	− 7.2	− 1.8	− 3.1		−9.6	−3.6	+ 0.7	+13.8	+21.3	2
3		+6.1	+5.0	+4.8	+0.1	+1.1		−62.2	−22.4	—	− 3.3	− 1.8		−9.6	−3.6	—	+13.8	+20.6	3
4		+6.0	+4.9	—	0.0	+1.1		−63.2	−21.3	—	− 3.1	− 1.5		−9.2	−3.9	—	+13.5	+20.2	4
5		+6.0	+5.0	+5.8	0.0	+1.1		−60.7	−24.9	− 2.1	− 2.6	+ 0.8		−9.2	−3.6	+ 1.1	+13.8	+19.5	5
6		+5.5	+4.4	+5.5	−0.1	+1.7		−63.2	−22.4	− 1.3	+ 6.7	+ 8.5		−9.2	−3.6	+ 1.1	+15.3	+19.9	6
7		+5.0	+4.4	+5.0	−0.1	+1.9		−61.2	−21.3	− 1.3	+ 8.7	+11.1		−9.2	−3.6	+ 1.4	+14.2	+19.5	7
8		+4.9	+4.1	+4.9	−0.3	+1.9		−58.6	−18.2	+ 0.8	+12.6	+11.3		−9.2	−3.6	+ 1.1	+14.6	+19.5	8
9		+4.9	+4.2	+4.9	−0.1	+2.0		−56.0	−19.5	+ 1.0	+13.1	+10.8		−9.2	−3.9	+ 1.1	+14.9	+19.5	9
10		+5.0	+4.1	+5.1	0.0	+2.0		−53.5	−18.2	+ 0.8	+10.5	+ 6.4		−9.6	−3.9	+ 1.1	+14.6	+19.5	10
11		+4.9	+4.0	+5.1	+0.2	+1.5		−53.5	−19.0	+ 0.8	+14.9	+ 5.7		−9.6	−3.6	+ 1.1	+15.6	+20.2	11
12		+4.9	+4.0	+5.5	+0.4	+1.1		−53.2	−12.3	+ 0.3	+14.6	+ 6.4		−9.6	−3.9	+ 1.4	+15.6	+21.3	12
13		+4.9	+3.9	+5.4	+0.4	+1.1		−52.9	−13.1	− 0.8	+13.6	+ 5.9		−9.6	−4.3	+ 1.4	+15.6	+21.7	13
14		+4.8	+4.5	+5.3	+0.7	+1.2		−52.9	−10.5	− 1.5	+14.6	+ 8.5		−9.6	−4.6	+ 1.4	+16.0	+21.7	14
15		+4.9	+4.8	+5.2	+0.8	+1.1		−50.4	—	− 1.0	+18.2	+ 8.0		−9.6	−3.9	+ 1.8	+16.7	+20.9	15
16		+4.9	+4.6	+5.2	+1.0	+1.1		−48.8	−12.1	− 1.3	+21.1	+ 6.4		−9.6	−3.6	+ 2.1	+17.4	+21.7	16
17		+4.9	+4.1	+5.1	+1.0	+1.1		−47.8	−12.3	− 2.6	+22.6	+ 5.9		−9.6	−3.6	+ 2.5	+18.8	+21.7	17
18		+4.5	+4.8	+5.0	+1.4	+1.3		−48.1	−14.1	− 4.4	+24.4	+ 3.6		−9.6	−3.6	+ 3.2	+18.5	+22.4	18
19		+4.7	+5.0	+4.9	+1.4	+1.3		−46.0	−10.3	− 4.1	+25.2	+ 3.6		−9.6	−3.6	+ 3.9	+19.2	+22.4	19
20		+4.3	+5.0	+4.9	+1.3	+1.0		−45.2	− 7.2	− 1.5	+22.6	+ 0.8		−9.6	−3.2	+ 4.3	+19.2	+22.4	20
21		+4.5	+5.0	+5.0	+1.5	+0.9		−43.2	− 9.3	− 6.9	+21.3	+ 0.8		−9.6	−3.2	+ 4.3	+19.2	+22.4	21
22		+4.9	+5.0	+5.0	+1.5	+1.0		−40.6	−12.6	− 6.9	+22.1	− 2.1		−9.6	−3.6	+ 4.6	+19.5	+22.4	22
23		+4.9	+5.5	+5.0	+1.9	+1.1		−40.3	− 9.5	− 6.7	+21.6	− 3.3		−9.6	−3.6	+ 5.0	+19.5	+22.4	23
24		+4.9	+3.5	+4.9	+1.9	+0.8		−39.8	−14.6	− 9.5	+22.9	− 6.9		−9.2	−3.2	+ 5.0	+20.6	+22.4	24
25		+4.7	+3.5	+4.6	+2.0	+0.8		−35.5	−11.8	−11.3	+21.8	− 6.7		−9.2	−2.8	+ 5.3	+21.7	+22.4	25
26		+4.5	+3.5	+4.3	+2.1	+0.9		−35.5	−10.0	−11.8	+21.3	− 4.6		−8.9	−2.5	+ 5.7	+22.4	+22.7	26
27		+4.1	+3.0	+4.4	+2.0	+0.9		−35.0	− 8.0	−13.1	+18.8	− 2.3		−8.9	−2.1	+ 6.0	+22.4	+22.7	27
28		+3.9	+2.9	+4.4	+2.0	+0.9		−36.8	− 8.0	−13.9	+18.8	− 3.1		−8.9	−3.2	+ 6.4	+22.7	+22.7	28
29		+3.7	+2.9	+4.8	+2.0	+0.1	γ	−37.8	− 1.8	−15.7	+19.0	− 2.1	γ	−8.9	−3.2	+ 6.7	+22.7	+22.7	29
30	+4.3	+4.0	+3.5	+4.2	+2.0	+0.1	−45.7	−32.6	+ 1.8	−14.6	+16.4	− 1.5	− 9.2	−8.9	−3.9	—	+22.7	+22.7	30
31	+4.8	+4.1	—	+4.2	+2.0	0.0	−45.2	−30.3	—	−15.7	+16.4	− 1.5	− 9.2	−8.9	—	+ 7.1	+22.7	+22.4	31
32	+4.9	+4.9	—	+4.1	+2.1	−0.1	−45.7	−27.2	—	−17.0	+18.5	+ 1.0	− 9.2	−8.5	—	+ 7.5	+22.7	+22.7	32
33	+5.0	+4.5	+3.8	+3.9	+2.1	−0.9	−43.2	−32.6	− 6.9	−19.3	+15.9	+ 4.4	− 9.2	−8.9	−2.8	+ 7.8	+22.7	+22.7	33
34	+5.0	+4.3	+5.1	+3.9	+2.1	−1.0	−45.7	−32.6	+ 1.8	−20.0	+14.6	+ 6.2	− 9.2	−8.5	−2.5	+ 8.2	+22.7	+22.4	34
35	+4.9	+4.2	+5.9	+4.0	+2.1	−1.1	−47.8	−32.1	+ 5.7	−20.0	+13.6	+ 9.8	− 9.2	−8.5	−2.8	+ 8.5	+23.1	+22.4	35
36	+4.8	+4.6	+5.3	+4.0	+2.1	−1.1	−50.4	−33.4	0.0	−18.0	+12.6	+13.6	− 9.2	−7.1	−2.5	+ 8.5	+23.1	+22.4	36
37	+4.3	+4.4	+5.1	+4.0	+2.1	−1.1	−50.4	−30.8	+ 1.0	−19.8	+ 9.8	+13.9	− 9.2	−6.4	−2.1	+ 8.5	+23.1	+22.4	37
38	+4.3	+4.0	+5.1	+4.0	+2.0	−1.6	−49.6	−33.4	+ 9.5	−21.6	+ 8.0	+13.9	− 9.2	−6.0	−2.1	+ 8.9	+23.1	+22.4	38
39	+4.5	+4.0	+5.3	+4.0	+2.0	−1.8	−50.9	−27.5	+ 7.7	−21.3	+ 6.2	+12.3	− 9.2	−5.7	−2.1	+ 8.9	+23.1	+22.4	39
40	+4.3	+4.0	+5.0	+4.1	+2.0	−2.8	−52.9	−27.0	0.0	−19.8	+ 6.2	+ 5.9	− 9.2	−6.4	—	+ 8.9	+23.1	+22.4	40
41	+4.5	+4.4	+5.1	+4.0	+2.0		−50.6	−24.9	− 8.2	−20.0	+ 5.9		− 9.2	−6.0	−2.1	+ 9.2	+23.1		41
42	+4.5	+5.0	+5.1	+4.0	+1.9		−50.4	−22.4	− 4.6	−23.9	+ 3.6		− 9.6	−6.4	—	+ 9.2	+22.7		42
43	+4.8	+5.5	+4.9	+4.5	+2.0		−50.4	−27.5	− 1.8	−20.0	+ 4.1		− 9.6	−6.0	−1.4	+10.3	+22.7		43
44	+4.9	—	+4.9	+4.5	+2.0		−52.7	—	− 2.1	−18.0	+ 3.3		− 9.6	—	−1.4	+ 9.2	+22.7		44
45	+4.9	—	+5.2	+4.5	+1.9		−52.7	—	− 2.1	−26.0	− 0.5		− 9.6	—	−1.4	+ 9.6	+22.7		45
46	+5.0	+5.1	+5.8	+4.1	+2.0		−50.6	−29.8	+ 1.0	−29.8	+ 0.8		− 9.9	−5.0	−1.1	+10.6	+22.7		46
47	+5.1	—	+5.1	+4.0	+2.0		−50.6	—	− 4.4	−33.4	+ 0.3		− 9.9	—	−0.7	+12.1	+22.7		47
48	+5.3	+5.1	+4.4	+3.1	+2.1		−50.6	−29.8	− 7.7	−32.6	− 2.1		− 9.6	−4.6	−0.4	+12.1	+22.4		48
49	+5.8	+4.0	+4.6	+2.9	+2.1		−50.4	−32.2	− 6.4	−27.5	− 4.1		− 9.9	−3.9	−0.4	+12.1	+22.7		49
50	+5.9	+5.3	+5.0	+3.0	+2.5		−50.6	−30.6	− 6.9	−20.0	− 4.1		−11.0	−3.9	−0.4	+12.1	+22.4		50
51	+5.9	+5.5	+5.3	+3.0	+2.2		−50.4	−25.2	− 9.0	−22.4	− 6.7		−11.0	−3.9	+0.4	+11.7	+22.4		51
52	+6.0	+5.8	+5.5	+2.5	+2.2		−49.6	−22.1	− 3.1	−30.1	− 7.5		−11.0	−5.3	+0.4	+11.7	+22.4		52
53	+6.2	+6.0	+6.3	+2.2	+2.1		−48.3	−22.6	− 4.1	−30.6	− 7.2		−11.7	−4.6	0.0	+12.1	+22.4		53
54	+6.5	+6.1	+6.3	+2.4	+2.1		−50.4	−21.1	− 5.1	−27.2	− 9.3		−11.7	−5.3	+0.4	+12.1	+22.4		54
55	+6.2	+6.0	+5.4	+2.2	+2.8		−49.6	−25.2	− 8.2	−22.4	− 4.6		−11.4	−4.6	+0.4	+12.4	+22.4		55
56	+6.8	+5.9	+4.9	+1.6	+2.2		−50.4	−24.7	−10.5	−17.5	− 6.9		−10.6	−3.6	+0.7	+12.4	+22.4		56
57	+6.8	+5.6	+5.0	+1.2	+2.0		−50.9	−24.9	− 9.0	−12.1	− 7.2		−10.6	−3.6	+1.1	+12.4	+22.4		57
58	+6.5	+5.5	+4.9	+1.0	+1.9		−53.5	−26.0	−11.6	−11.6	− 6.9		−10.3	−3.6	+1.1	+12.1	+22.4		58
59	+6.5	+5.4	+4.2	+0.9	+1.2		−53.5	−24.4	−10.0	−14.9	− 6.9		− 9.9	−3.6	+1.4	+12.1	+22.0		59

Tab. XXI.

Unterschied gegen die normale Abweichung vom Tagesmittel

+ bedeutet Werte über,

Einheit: Westl. Deklination in ′ (Bogenminuten); Östl. Deklination und Horizontalintensität in γ.

m	Westl. Deklination						Östl. Deklination						Horizontalintensität						m
	10^a	11^a	0^p	1^p	2^p	3^p	10^a	11^a	0^p	1^p	2^p	3^p	10^a	11^a	0^p	1^p	2^p	3^p	
0		+1.0	-1.0	-1.4	-3.2	-0.4		-5.5	+5.5	+7.6	+17.6	+2.2		-38.7	-17.8	-4.7	-20.8	-7.6	0
1		+1.1	-1.0	-1.1	-4.0	-0.3		-6.1	+5.5	+6.0	+22.0	+1.6		-42.1	-18.2	-3.4	-12.9	-5.7	1
2		+0.7	-1.2	-1.1	-4.3	-0.7		-3.8	+6.6	+6.0	+23.6	+3.8		-44.3	-15.3	-4.5	-2.5	-3.9	2
3		+0.6	-1.1	-0.8	-4.0	-0.7		-3.3	+6.1	—	+22.0	+3.9		-45.9	-15.5	—	-4.1	-2.5	3
4		+0.5	-1.2	—	-4.1	-0.7		-2.7	+6.6	—	+22.5	+3.9		-47.0	-14.5	—	-3.9	-2.2	4
5		+0.5	-1.1	+0.2	-4.1	-0.7		-2.7	+6.1	-1.1	+22.5	+3.9		-44.7	-18.3	+0.5	-3.5	+0.2	5
6		-0.1	-1.7	0.0	-4.1	0.0		+0.5	+9.3	0.0	+22.5	0.0		-47.3	-15.9	+1.3	+5.8	+7.9	6
7		-0.6	-1.7	-0.5	-4.1	+0.2		+3.3	+9.3	+2.8	+22.5	-1.1		-45.4	-14.9	+1.2	+7.7	+10.6	7
8		-0.7	-2.0	-0.6	-4.3	+0.3		+3.8	+11.0	+3.3	+23.6	-1.6		-43.0	-12.0	+3.3	+11.6	+10.8	8
9		-0.8	-1.9	-0.6	-4.0	+0.4		+4.4	+10.4	+3.3	+21.9	-2.2		-40.5	-13.4	+3.5	+12.0	+10.4	9
10		-0.7	-2.0	-0.4	-3.9	+0.4		+3.9	+11.0	+2.2	+21.4	-2.2		-38.1	-12.2	+3.2	+9.4	+6.0	10
11		-0.8	-2.1	-0.4	-3.7	-0.1		+4.4	+11.5	+2.2	+20.3	+0.6		-38.2	-13.1	+3.2	+13.7	+5.3	11
12		-0.8	-2.1	+0.1	-3.4	-0.4		+4.4	+11.5	-0.6	+18.7	+2.2		-38.1	-6.5	+2.6	+13.4	+6.0	12
13		-0.9	-2.2	0.0	-3.4	-0.4		+4.9	+12.1	0.0	+18.7	+2.2		-38.5	-7.4	+1.5	+12.3	+5.6	13
14		-1.0	-1.6	-0.1	-3.1	-0.3		+5.4	+8.8	+0.5	+17.1	+1.6		-38.0	-4.9	+0.7	+13.2	+8.2	14
15		-0.9	-1.3	-0.2	-2.9	-0.3		+4.9	+7.1	+1.1	+15.9	+1.7		-35.6	-16.9	+1.2	+16.8	+7.7	15
16		-0.9	-1.5	-0.2	-2.7	-0.3		+4.9	+8.2	+1.1	+14.8	+1.7		-34.2	-6.7	+0.9	+19.7	+6.2	16
17		-0.9	-2.0	-0.3	-2.6	-0.3		+4.9	+11.0	+1.6	+14.3	+1.7		-33.3	-7.0	-0.5	+21.1	+5.7	17
18		-1.3	-1.3	-0.3	-2.2	0.0		+7.1	+7.1	+1.7	+12.1	0.0		-33.7	-8.9	-2.3	+22.9	+3.4	18
19		-1.2	-1.1	-0.4	-2.2	0.0		+6.6	+6.1	+2.2	+12.1	0.0		-31.8	-5.2	-2.1	+23.6	+3.4	19
20		-1.6	-1.1	-0.4	-2.2	-0.2		+8.8	+6.1	+2.2	+12.1	+1.1		-31.1	-2.2	+0.5	+21.0	+0.6	20
21		-1.4	-1.1	-0.3	-2.0	-0.3		+7.7	+6.1	+1.7	+11.0	+1.7		-29.2	-4.4	-5.0	+19.7	+0.7	21
22		-1.0	-1.1	-0.3	-1.9	-0.1		+5.5	+6.1	+1.7	+10.5	+0.5		-26.8	-7.8	-5.0	+20.5	-2.2	22
23		-1.0	-0.5	-0.2	-1.5	0.0		+5.5	+2.7	+1.1	+8.3	0.0		-26.6	-4.8	-4.9	+19.9	-3.4	23
24		-1.0	-2.5	-0.3	-1.5	-0.3		+5.5	+13.7	+1.6	+8.3	+1.6		-26.2	-10.0	-7.7	+21.2	-7.0	24
25		-1.3	-2.5	-0.6	-1.3	-0.2		+7.1	+13.7	+3.2	+7.1	+1.1		-22.1	-7.2	-9.6	+20.1	-7.8	25
26		-1.5	-2.5	-0.9	-1.2	-0.1		+8.2	+13.7	+4.9	+6.6	+0.6		-22.3	-5.5	-10.1	+19.6	-4.7	26
27		-1.9	-3.0	-0.8	-1.2	-0.1		+10.4	+16.4	+4.3	+6.6	+0.6		-21.9	-3.6	-11.5	+17.0	-2.4	27
28		-2.1	-3.1	-0.7	-1.2	0.0		+11.5	+17.0	+3.8	+6.6	0.0		-23.9	-3.7	-12.3	+17.0	-3.2	28
29		-2.3	-3.1	-0.3	-1.2	-0.8		+12.6	+17.0	+1.6	+6.6	+4.3		-25.0	+2.5	-14.1	+17.2	-2.2	29
30	+0.1	-2.0	-2.5	-0.9	-1.1	-0.8	-0.6	+10.9	+13.7	+4.8	+6.1	+4.4	-25.7	-20.0	+6.0	-13.1	+14.6	-1.6	30
31	+0.6	-1.9	—	-0.9	-1.1	-0.8	-3.3	+10.4	—	+4.8	+6.1	+4.4	-25.3	-17.9	—	-14.3	+14.6	-1.6	31
32	+0.6	-1.1	—	-1.0	-0.9	-0.9	-3.3	+6.0	—	+5.4	+5.0	+4.9	-25.9	-14.9	—	-15.6	+16.7	+0.9	32
33	+0.7	-1.6	-2.2	-1.1	-0.9	-1.7	-3.8	+8.8	+12.0	+6.0	+5.0	+9.3	-23.5	-20.5	-2.9	-18.0	+14.1	+4.3	33
34	+0.6	-1.8	-0.9	-1.1	-0.9	-1.8	-3.3	+9.9	+4.9	+6.0	+5.0	+9.9	-26.1	-20.6	+5.8	-18.7	+12.8	+6.1	34
35	+0.5	-1.9	-0.1	-1.0	-0.8	-1.8	-2.7	+10.4	+0.5	+5.4	+4.4	+9.8	-28.3	-20.3	+9.6	-18.8	+11.8	+9.7	35
36	+0.3	-1.5	-0.6	-1.0	-0.8	-1.8	-1.7	+8.2	+3.3	+5.4	+4.4	+9.8	-31.0	-21.8	+3.9	-16.9	+10.9	+13.5	36
37	-0.2	-1.7	-0.8	-0.9	-0.7	-1.8	+1.1	+9.3	+4.4	+4.9	+3.9	+9.8	-31.1	-19.4	+4.8	-18.7	+8.1	+13.8	37
38	-0.3	-2.1	-0.8	-0.9	-0.8	-2.2	+1.7	+11.5	+4.4	+4.9	+4.4	+12.1	-30.4	-22.2	+13.3	-20.6	+6.3	+13.8	38
39	-0.1	-2.1	-0.6	-0.9	-0.8	-2.4	+0.6	+11.5	+3.3	+4.9	+4.4	+13.2	-31.8	-16.4	+11.4	-20.3	+4.5	+12.1	39
40	-0.4	-2.1	-0.9	-0.8	-0.7	-3.4	+2.2	+11.5	+5.0	+4.4	+3.8	+18.7	-33.9	-16.1	+3.7	-18.9	+4.5	+5.7	40
41	-0.2	-1.7	-0.8	-0.8	-0.7		+1.1	+9.3	+4.4	+4.4	+3.8		-31.8	-14.2	-4.6	-19.2	+4.3		41
42	-0.2	-1.1	-0.8	-0.8	-0.7		+1.1	+6.1	+4.4	+4.4	+3.9		-31.7	-11.9	-1.0	-23.2	+2.0		42
43	0.0	-0.6	-0.9	-0.3	-0.6		0.0	+3.3	+4.9	+1.7	+3.3		-31.8	-17.1	+1.7	-19.3	+2.5		43
44	+0.1	—	-0.9	-0.3	-0.5		-0.5	—	+4.9	+1.7	+2.7		-34.2	—	+1.4	-17.4	+1.7		44
45	0.0	—	-0.6	-0.2	-0.6		0.0	—	+3.3	+1.1	+3.3		-34.3	—	+1.3	-25.5	-2.0		45
46	+0.1	-1.0	0.0	-0.6	-0.5		-0.5	+5.5	0.0	+3.3	+2.7		-32.3	-20.0	+4.4	-29.3	-0.7		46
47	+0.1	—	-0.7	-0.7	-0.4		-0.6	—	+3.8	+3.8	+2.2		-32.4	—	-1.1	-33.0	-1.2		47
48	+0.3	-1.0	-1.4	-1.5	-0.3		-1.7	+5.5	+7.6	+8.3	+1.7		-32.6	-20.3	-4.4	-32.3	-3.5		48
49	+0.8	-2.1	-1.2	-1.7	-0.3		-4.4	+11.5	+6.5	+9.4	+1.7		-32.5	-22.9	-3.2	-27.2	-5.5		49
50	+0.8	-0.8	-0.8	-1.6	+0.2		-4.4	+4.4	+4.4	+8.8	-1.1		-32.8	-21.5	-3.7	-19.8	-5.4		50
51	+0.8	-0.6	-0.5	-1.5	-0.1		-4.4	+3.3	+2.7	+8.2	+0.5		-32.7	-16.3	-5.8	-22.3	-8.0		51
52	+0.9	-0.3	-0.2	-2.0	0.0		-4.9	+1.7	+1.1	+11.0	0.0		-32.0	-13.3	0.0	-30.0	-8.7		52
53	+1.0	-0.1	+0.6	-2.3	-0.1		-5.5	+0.6	-3.3	+12.6	+0.6		-30.8	-14.0	-1.0	-30.6	-8.4		53
54	+1.3	0.0	+0.6	-2.0	0.0		-7.2	0.0	-3.3	+11.0	0.0		-33.1	-12.7	-2.1	-27.3	-10.5		54
55	+0.9	-0.1	-0.3	-2.2	+0.7		-4.9	+0.6	+1.7	+12.1	-3.9		-32.4	-17.0	-5.2	-22.6	-5.7		55
56	+1.5	-0.2	-0.8	-2.8	+0.1		-8.2	+1.1	+4.4	+15.4	-0.6		-33.3	-16.7	-7.5	-17.7	-8.0		56
57	+1.5	-0.5	-0.7	-3.1	0.0		-8.2	+2.8	+3.9	+17.0	0.0		-33.9	-17.0	-6.0	-12.4	-8.2		57
58	+1.2	-0.6	-0.8	-3.3	-0.1		-6.6	+3.3	+4.4	+18.1	+0.6		-36.6	-18.3	-8.7	-12.0	-7.9		58
59	+1.1	-0.7	-1.4	-3.4	-0.8		-6.1	+3.9	+7.6	+18.7	+4.4		-36.7	-16.8	-7.1	-15.3	-7.8		59

für jede mittlere Greenwicher Minute für 1905 August 30 in Potsdam.   **Tab. XXI.**

— Werte unter dem normalen.

m	Süd-Nord-Komponente						West-Ost-Komponente						Vertikalintensität						m
	10a	11a	0p	1p	2p	3p	10a	11a	0p	1p	2p	3p	10a	11a	0p	1p	2p	3p	
	γ	γ	γ	γ	γ	γ	γ	γ	γ	γ	γ	γ	γ	γ	γ	γ	γ	γ	
0		−39.1	−16.7	− 3.3	−17.6	− 7.1		+ 1.0	+ 8.4	+ 8.3	+20.9	+ 3.5		+3.5	+6.7	+ 6.7	+12.3	+13.8	0
1		−42.5	−17.0	− 2.4	− 9.0	− 5.4		+ 1.0	+ 8.4	+ 6.5	+23.8	+ 2.5		+3.5	+6.6	+ 6.7	+13.6	+14.5	1
2		−44.3	−14.0	− 3.4	+ 1.4	− 3.2		+ 3.7	+ 9.0	+ 6.6	+23.7	+ 4.3		+3.8	+6.5	+ 6.2	+13.4	+14.0	2
3		−45.9	−14.3	—	− 0.3	− 1.9		+ 4.3	+ 8.6	—	+22.4	+ 4.2		+3.8	+6.5	—	+13.3	+13.2	3
4		−46.7	−13.2	—	− 0.1	− 1.6		+ 5.1	+ 8.9	—	+22.8	+ 4.2		+4.3	+6.0	—	+12.9	+12.7	4
5		−44.5	−17.0	+ 0.3	+ 0.2	+ 0.8		+ 4.7	+ 9.0	− 1.2	+22.8	+ 3.8		+4.3	+6.2	+ 6.4	+13.0	+11.9	5
6		−46.6	−14.2	+ 1.3	+ 9.4	+ 7.8		+ 8.4	+11.8	− 0.2	+21.2	− 1.3		+4.3	+6.1	+ 6.3	+14.4	+12.3	6
7		−44.2	−13.2	+ 1.7	+11.3	+10.3		+10.8	+11.7	+ 2.6	+20.9	− 2.9		+4.3	+6.0	+ 6.5	+13.2	+11.8	7
8		−41.8	−10.0	+ 3.8	+15.3	+10.3		+10.8	+12.8	+ 2.8	+21.4	− 3.4		+4.3	+6.0	+ 6.2	+13.4	+11.7	8
9		−39.2	−11.5	+ 4.0	+15.4	+ 9.9		+11.0	+12.5	+ 2.7	+19.6	− 3.9		+4.3	+5.6	+ 6.1	+13.6	+11.6	9
10		−36.9	−10.2	+ 3.6	+12.9	+ 5.5		+10.1	+12.8	+ 1.7	+19.5	− 3.2		+3.8	+5.5	+ 6.0	+13.2	+11.6	10
11		−36.9	−11.0	+ 3.6	+16.9	+ 5.3		+10.6	+13.5	+ 1.7	+17.7	− 0.3		+3.8	+5.7	+ 6.0	+14.0	+12.2	11
12		−36.8	− 4.5	+ 2.5	+16.3	+ 6.3		+10.6	+12.4	− 1.0	+16.2	+ 1.2		+3.8	+5.3	+ 6.2	+13.9	+13.2	12
13		−37.2	− 5.3	+ 1.5	+15.2	+ 5.9		+11.2	+13.1	− 0.2	+16.4	+ 1.3		+3.8	+4.8	+ 6.1	+13.8	+13.5	13
14		−36.6	− 3.3	+ 0.8	+15.8	+ 8.4		+11.6	+ 9.5	+ 0.4	+14.7	+ 0.2		+3.8	+4.4	+ 6.0	+14.0	+13.5	14
15		−34.3	−15.5	+ 1.4	+19.2	+ 7.9		+10.7	+ 9.8	+ 0.9	+12.9	+ 0.4		+3.8	+5.0	+ 6.4	+14.6	+12.6	15
16		−32.9	− 5.2	+ 1.1	+21.9	+ 6.4		+10.5	+ 9.2	+ 1.0	+11.3	+ 0.7		+3.8	+5.2	+ 6.6	+15.2	+13.4	16
17		−32.0	− 5.1	− 0.2	+23.2	+ 5.9		+10.3	+12.0	+ 1.7	+10.6	+ 0.8		+3.7	+5.1	+ 6.9	+16.5	+13.3	17
18		−32.0	− 7.6	− 2.0	+24.5	+ 3.4		+12.6	+ 8.5	+ 2.1	+ 8.1	− 0.6		+3.7	+5.0	+ 7.5	+16.0	+13.9	18
19		−30.2	− 4.1	− 1.7	+25.2	+ 3.4		+11.8	+ 6.9	+ 2.5	+ 8.0	− 0.6		+3.7	+5.0	+ 8.2	+16.6	+13.9	19
20		−29.2	− 1.2	+ 0.9	+22.7	+ 0.8		+13.9	+ 6.4	+ 2.1	+ 8.4	+ 1.0		+3.7	+5.3	+ 8.5	+16.4	+13.8	20
21		−27.5	− 3.3	− 4.6	+21.2	+ 1.0		+12.4	+ 6.7	+ 2.5	+ 7.5	+ 1.6		+3.6	+5.2	+ 8.4	+16.3	+13.7	21
22		−25.5	− 6.7	− 4.6	+21.9	− 2.1		+ 9.8	+ 7.3	+ 2.5	+ 7.0	+ 0.9		+3.6	+4.7	+ 8.6	+16.5	+13.7	22
23		−25.3	− 4.3	− 4.6	+21.0	− 3.4		+ 9.8	+ 3.5	+ 1.9	+ 4.9	+ 0.6		+3.5	+4.6	+ 8.9	+16.4	+13.6	23
24		−24.9	− 7.6	− 7.3	+22.3	− 6.6		+ 9.7	+15.2	+ 2.9	+ 4.7	+ 2.8		+3.9	+4.9	+ 8.8	+17.4	+13.6	24
25		−20.6	− 4.8	− 9.0	+21.0	− 7.5		+10.7	+14.7	+ 4.8	+ 3.7	+ 2.4		+3.8	+5.2	+ 9.1	+18.3	+13.5	25
26		−20.6	− 3.1	− 9.2	+20.4	− 4.5		+11.8	+14.4	+ 6.5	+ 3.2	+ 1.4		+4.1	+5.5	+ 9.4	+18.9	+13.8	26
27		−19.9	− 0.8	−10.6	+17.9	− 2.3		+13.9	+16.8	+ 6.1	+ 3.7	+ 1.0		+4.0	+5.8	+ 9.6	+18.8	+13.7	27
28		−21.7	− 0.8	−11.5	+17.9	− 3.2		+15.3	+17.4	+ 5.7	+ 3.7	+ 0.5		+4.0	+4.6	+ 9.9	+19.0	+13.7	28
29		−22.6	+ 5.3	−13.6	+18.1	− 1.5		+16.6	+16.4	+ 3.9	+ 3.6	+ 4.6		+3.9	+4.5	+10.1	+18.8	+13.7	29
30	−25.4	−17.9	+ 8.2	−12.1	+15.4	− 0.9	+3.7	+14.0	+12.5	+ 6.9	+ 3.6	+ 4.6	+3.2	+3.9	+3.7	—	+18.7	+13.6	30
31	−25.5	−15.9	—	−13.3	+15.4	− 0.9	+0.9	+13.3	—	+ 7.1	+ 3.6	+ 4.6	+3.3	+3.8	—	+10.3	+18.6	+13.2	31
32	−26.1	−13.7	—	−14.5	+17.3	+ 1.7	+1.0	+ 8.4	—	+ 7.9	+ 2.1	+ 4.7	+3.3	+4.1	—	+10.5	+18.4	+13.5	32
33	−23.8	−18.7	− 0.9	−16.7	+14.7	+ 5.7	+0.2	+12.1	+12.3	+ 8.9	+ 2.6	+ 8.5	+3.4	+3.7	+4.6	+10.8	+18.3	+13.5	33
34	−26.3	−18.7	+ 6.5	−17.4	+13.4	+ 7.6	+1.0	+13.2	+ 3.8	+ 9.0	+ 2.8	+ 8.8	+3.4	+4.0	+4.8	+11.1	+18.2	+13.1	34
35	−28.3	−18.3	+ 9.6	−17.6	+12.3	+11.2	+2.0	+13.7	− 1.1	+ 8.4	+ 2.3	+ 8.1	+3.5	+3.9	+4.5	+11.3	+18.5	+13.1	35
36	−30.9	−20.1	+ 4.4	−15.8	+11.4	+14.9	+3.4	+11.7	+ 2.7	+ 8.1	+ 2.5	+ 7.5	+3.5	+5.3	+4.7	+11.1	+18.4	+13.1	36
37	−30.5	−17.6	+ 5.4	−17.6	+ 8.6	+15.2	+6.3	+12.4	+ 3.5	+ 7.9	+ 2.5	+ 7.4	+3.5	+5.9	+5.0	+11.0	+18.3	+13.0	37
38	−29.7	−20.0	+13.8	−19.5	+ 6.9	+15.6	+6.7	+15.0	+ 2.1	+ 8.2	+ 3.3	+ 9.6	+3.6	+6.2	+4.9	+11.3	+18.2	+13.0	38
39	−31.2	−14.3	+11.8	−19.2	+ 5.1	+14.1	+5.9	+14.0	+ 1.4	+ 8.2	+ 3.6	+11.0	+3.6	+6.5	+4.9	+11.2	+18.1	+13.0	39
40	−33.1	−14.0	+ 4.4	−17.9	+ 5.0	+ 8.7	+7.8	+14.0	+ 4.3	+ 7.4	+ 3.0	+17.5	+3.6	+5.7	—	+11.1	+17.9	+12.9	40
41	−31.2	−12.5	− 3.8	−18.2	+ 4.8		+6.4	+11.6	+ 5.1	+ 7.5	+ 3.0		+3.7	+6.0	+4.8	+11.3	+17.8		41
42	−31.1	−10.7	− 0.3	−22.1	+ 2.6		+6.4	+ 8.0	+ 4.5	+ 8.2	+ 3.5		+3.3	+5.5	—	+11.2	+17.3		42
43	−31.4	−16.3	+ 2.5	−18.7	+ 3.0		+5.3	+ 6.1	+ 4.5	+ 4.9	+ 2.9		+3.4	+5.9	+5.3	+12.2	+17.2		43
44	−33.8	—	+ 2.2	−16.9	+ 2.1		+5.2	—	+ 4.6	+ 4.6	+ 2.4		+3.4	—	+5.3	+11.0	+17.1		44
45	−33.8	—	+ 1.8	−24.9	− 1.5		+5.7	—	+ 3.1	+ 5.3	+ 3.6		+3.4	—	+5.2	+11.3	+17.0		45
46	−31.9	−18.8	+ 4.3	−28.4	− 0.3		+4.9	+ 8.7	− 0.7	+ 8.2	+ 2.8		+3.2	+6.6	+5.4	+12.1	+16.9		46
47	−32.0	—	− 0.5	−31.9	− 0.8		+4.8	—	+ 3.9	+ 9.2	+ 2.4		+3.2	—	+5.8	+13.5	+16.8		47
48	−32.4	−19.1	− 3.0	−30.4	− 3.2		+3.7	+ 8.8	+ 8.2	+13.6	+ 2.3		+3.5	+6.8	+6.0	+13.4	+16.4		48
49	−32.8	−20.7	− 2.1	−25.2	− 5.1		+1.1	+15.1	+ 6.9	+13.8	+ 2.6		+3.3	+7.4	+6.0	+13.3	+16.6		49
50	−33.1	−20.5	− 2.9	−18.0	− 5.5		+1.1	+ 7.9	+ 4.9	+12.0	− 0.2		+2.2	+7.3	+5.9	+13.2	+16.2		50
51	−33.0	−15.6	− 5.3	−20.5	− 7.8		+1.1	+ 6.0	+ 3.7	+11.8	+ 1.8		+2.2	+7.2	+6.6	+12.7	+15.9		51
52	−32.4	−12.8	+ 0.2	−27.8	− 8.6		+0.5	+ 3.9	+ 1.1	+15.8	+ 1.4		+2.3	+5.8	+6.6	+12.5	+16.0		52
53	−31.3	−13.7	− 1.5	−28.1	− 8.2		−0.3	+ 2.9	− 3.1	+17.5	+ 2.0		+1.6	+6.4	+6.1	+12.8	+15.9		53
54	−33.8	−12.5	− 2.6	−25.1	−10.4		−1.6	+ 2.1	− 3.0	+15.3	+ 1.7		+1.6	+5.6	+6.4	+12.7	+15.8		54
55	−32.8	−16.7	− 4.8	−20.2	− 6.2		+0.6	+ 3.4	+ 2.6	+15.7	− 2.9		+1.9	+6.2	+6.4	+12.9	+15.7		55
56	−34.2	−16.3	− 6.7	−14.9	− 8.0		−2.6	+ 3.9	+ 5.5	+18.1	+ 0.7		+2.7	+7.1	+6.6	+12.7	+15.6		56
57	−34.8	−16.3	− 5.3	− 9.4	− 8.1		−2.5	+ 5.6	+ 4.8	+18.9	+ 1.4		+2.8	+7.0	+6.9	+12.6	+15.5		57
58	−37.2	−17.5	− 7.9	− 8.8	− 7.7		−0.4	+ 6.3	+ 5.7	+19.8	+ 1.9		+3.1	+6.9	+6.9	+12.2	+15.4		58
59	−37.2	−15.9	− 5.7	−12.0	− 7.0		+0.1	+ 6.6	+ 8.7	+20.9	+ 5.6		+3.5	+6.8	+7.1	+12.1	+15.0		59

Berichtigungen.

Seite 17. In Fig. 9 bedeutet Th. H.: Thermometerhütte,
R. M.: Regenmesser,
S. A.: Sonnenscheinautograph.